入选
"青少年百……"
★来……
"华北优秀教育图书"评选一等奖

引导中学生
走向成功
的168个故事

娄巧　乔来彦　编著

北京出版集团公司
北京教育出版社

图书在版编目(CIP)数据

引导中学生走向成功的 168 个故事/娄巧,乔来彦编著. –北京:北京教育出版社,2005
(智慧成长故事 完美人格系列)

ISBN 978 – 7 – 5303 – 4839 – 0

Ⅰ.①引… Ⅱ.①娄… ②乔… Ⅲ.①成功心理学 – 青少年读物 Ⅳ.①B848.4 – 49

中国版本图书馆 CIP 数据核字(2005)第 111244 号

智慧成长故事 完美人格系列

引导中学生走向成功的 168 个故事

YINDAO ZHONGXUESHENG ZOUXIANG CHENGGONG DE 168 GE GUSHI

娄 巧 乔来彦 编著

＊

北京出版集团公司
北京教育出版社 出版
(北京北三环中路6号)
邮政编码:100120
网址:www. bph. com. cn
北京出版集团公司总发行
全 国 各 地 书 店 经 销
三河市嘉科万达彩色印刷有限公司印刷

＊

787mm×1092mm 16 开本 印张 14.5 290000 字
2005 年 10 月第 2 版 2016 年 4 月修订 第 11 次印刷

ISBN 978 – 7 – 5303 – 4839 – 0/I · 14
定价:29.80 元

CONTENTS 录

第 1 章

品质帮你走向成功

第2章

成功定有方法，失败定有原因

第 **3** 章

志 当 存 高 远

第**4**章

读万卷书，行万里路

第5章

毅力是无可替代的

第6章

思路决定所有的路

CONTENTS 目录

第 **7** 章

态度决定一切

第 1 章

品质帮你走向成功

　　人的生命，似洪水在奔流，不遇岛屿和礁石，难以激起美丽的浪花。对于成功，大家往往只看到它美丽的光环、令人艳羡的掌声和鲜花，却忽略了背后真正造就它的艰辛、汗水，还有历经积淀的，让人久久品味的像茶一样芬芳的品质。而在追求的过程中，我们既要学会爱自己，给自己机会，又要善待他人，珍爱朋友的友谊，宽容对手的竞争。得与失在于我们自己的目光，真正高贵并值得我们坚守的是我们的灵魂，而不是外在的虚华。生活就像一杯浓酒，不经三番五次的提炼，就不会那样可口，真正的智者会沉潜十年，磨砺修炼，厚积而后薄发。

纪念自己的儿子

好些年前，从波士顿站走出了一对50来岁的中年夫妇，女的穿着一套褪色的条纹棉布衣服，样式在波士顿街头显得有些不合时宜，不过倒是很干净；而她的丈夫则穿着布制的便宜西装，就是街上随便哪个小摊上就可以买到的那种，也许是经过旅途的奔波，也许是经历过太多的打击，他们的脸上写满了劳累和疲倦。

他们在波士顿街头打听着哈佛大学的位置一路走来，也没有事先约好，就直接去拜访哈佛的校长。

校长的秘书在片刻间就断定这两个乡下土老帽儿根本不可能与哈佛有业务来往。

先生轻声地说："我们想见校长。"

秘书很礼貌地说："他整天都很忙！"

女士回答说："没关系，我们可以等。"

过了几个钟头，秘书一直不理他们，希望他们知难而退，自己走开。他们却一直等在那里，并且一点也没有要走的意思。

秘书终于决定通知校长："也许他们跟您讲几句话就会走开。"

校长不耐烦地同意了。

校长心不甘情不愿而且很傲慢地面对这对夫妇。

女士告诉他："我们有一个儿子曾经在哈佛读过一年，他很喜欢哈佛，他在哈佛的生活很快乐。但是去年，他出了意外而死亡。我丈夫和我想在校园里为他留一个纪念物。"

校长并没有被感动，反而觉得很可笑，他粗声地说："夫人，我们不能为每一位曾读过哈佛而后死亡的人建立雕像的。如果我们这样做，我们的校园不就成烈士公墓了吗？"

女士说："不是，我们不是要竖立一座雕像，我们想要捐一栋大楼给哈佛。"

感悟
ganwu

人不可貌相，海水不可斗量。人与人之间应该互相尊重，平等友爱，尊重他人就是尊重自己，轻视他人也就是轻视自己，轻蔑的眼光只会给自己带来与之相匹配的结果。

校长仔细地看了一下条纹棉布衣服及粗布便宜西装，然后吐了一语气说："你们知不知道哈佛每年修建草坪需要花掉多少钱？750 万美元，你知道 750 万美元是个什么概念吗？"

面对校长轻蔑的眼光与语气，这位女士沉默了。校长很高兴，总算可以把他们打发了。

这位女士转向她丈夫说："我们还有多少钱？要不我们建一所自己的大学来纪念我们的儿子吧。"

就这样，这对夫妇离开了哈佛，到了加州，成立了斯坦福大学来纪念他们的儿子。

· 隐形的翅膀 ·

他没有双臂，但能用双脚弹奏出美妙的钢琴曲；他从没有抱怨命运的不公，总说自己要精彩地活着。他就是有着"断臂王子"之称的刘伟。他是"2011 年感动中国十大人物"之一，他的故事感动了许多人……

刘伟从小就梦想着能成为一名职业足球运动员，10 岁那年的一次触电事故，不仅让他失去了双臂，更让他的足球梦瞬间破灭。但他并没有放弃自己，正常孩子能做到的，他都要做到。他开始尝试着用双脚来刷牙、洗脸、写字……

因为接受治疗，刘伟耽搁了两年学业，但他相信，任何事情他只要想学，都能学得会，并且会做得比别人好。他利用假期努力将两年的课程追了回来，并在期末考试中拿到了班级前三名的好成绩。

重回人生轨道的刘伟，一直对体育念念不忘，足球不行，那就改学游泳。12 岁那年，他进入北京残疾人游泳队，两年后在全国残疾人游泳锦标赛上夺得两金一银。那时候，刘伟跟母亲许诺：在 2008 年的残奥会上拿一枚金牌回来。

正在他积极备战奥运会的时候，厄运再次降临，高强度的

感悟
ganwu

很多事情你努力去做了，可能什么都得不到，但你不努力去做，肯定什么都得不到。不管遇到怎样的困难，都不要抱怨命运的不公，要用加倍的努力去战胜它。

体能消耗导致免疫力下降，他患上了过敏性紫癜。医生警告他说，必须停止训练，否则将危及生命。无奈之下，刘伟告别了自己的运动生涯。

人生的路要怎样走下去？不肯向命运低头的刘伟没有沉沦。他把奋斗目标转到了自己喜爱的音乐上来，希望自己有一天能成为一名音乐制作人。他决定开始练习弹钢琴。可是没有手怎么弹琴？母亲鼓励刘伟："儿子，你没有什么和别人不一样的，别的孩子能干的事儿，你都能干；别人家的孩子能用手弹琴，你也可以用脚弹琴。"

刘伟开始用脚来学习弹钢琴，可以想象这需要付出多大的努力。由于大脚趾比琴键宽，按下去会有连音，并且脚趾无法像手指那样张开弹琴，刘伟硬是琢磨出一套"双脚弹钢琴"的方法。每天七八个小时，练得腰酸背疼，双脚抽筋，脚趾磨出了血泡，但他从未想过放弃。

2010年，刘伟在《中国达人秀》的舞台上演奏了一首《梦中的婚礼》，当优美的旋律从他脚尖流出，十个脚趾在琴键上灵活地跳跃时，全场静寂，曲终，全场掌声雷动。当评委问他是如何做到这一切时，刘伟平静地说："我的人生中只有两条路，要么赶紧死，要么精彩地活着。"

2011年，刘伟登上维也纳金色大厅演奏中国名曲《梁祝》，并受邀到英国伦敦与前首相夫人切丽·布莱尔会面。在谈到成功的秘诀时，刘伟说："有的时候需要告诉自己，走下去，至少我还有一双完美的腿。"

说到做到

美国凯特皮纳勒公司，是世界性的生产推土机和铲车的大公司，它在广告中说："凡是买了我们产品的人，不管在世界哪一个地方，需要更换零配件，我们保证在48小时内送到你们手中，如果送不到，我们的产品白送你们。"

他们说到做到，有时为了一个价值只有 50 美元的零件送到边远地区，不惜动用一架直升飞机，费用竟达 2000 美元。

有时无法按时在 48 小时内把零件送到用户手中，就真的按广告所说，把产品白送给用户。由于经营信誉高，这家公司历经 50 年而生意兴旺不衰。

还有这样一个故事。

美孚石油公司向餐具经销商犹太人乔费尔订购了 3 万套餐具，交货日期为 1940 年 9 月 1 日，地点是芝加哥。乔费尔立即请制造商为他赶制。

没想到，麻烦出来了，制造商因为有其他工作，不能按时交货。

乔费尔非常生气，但事已至此，他也没有什么其他办法，只好催促他们快一些。

对于乔费尔的催促，制造商却满不在乎："就算迟一些，又有什么关系呢？值得你那么上火！"

等餐具生产出来后，距离交货时间只有不到 8 小时，除非用飞机，其他交通工具都赶不上了。

乔费尔只好用飞机把这些餐具运到了芝加哥。高昂的运费让他心疼不已。

美孚公司的人知道后，只说了一句："按期交货，很好。"对高昂的运费只字不提。

乔费尔的朋友大为惊讶："你疯了吗？花 6 万美金就为了 3 万套刀叉？"

乔费尔严肃地回答道："就应该是这样。作为生意人，不管你有任何理由，你也必须按照合同按期交货，哪怕是由于别人的原因给你造成损失，你也没有理由不按期交货。这就是我们犹太人的规则，必须这样做啊！"

不过，自那以后，商界都知道了乔费尔这个注重信誉的犹

要守信就必须坚定地履行承诺，如果不能兑现诺言，就不要轻易许诺；一旦许下诺言，就必须履行，不论克服多大困难都必须"说到做到"，即所谓"言必行，行必果"。

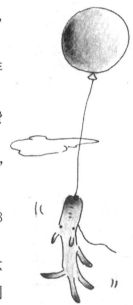

太人，甚至其他各国的许多商人也找他做生意，大量订单雪片般飞到他的办公桌上，这也是乔费尔所没有想到的。

从地下室爬上来的百万富翁

感悟
ganwu

如果你想成功的话，起点的高低也许并不是你想象中的那么重要，大多成功人士都走了同样一条路，有着大致同样的价值观和原则：有远见、执着、果敢、自律、乐观、自尊，以及最重要的，正直。

他来自意大利罗马以前的一个农场院。他怎么来到美国的，什么时候来的，我并不清楚。我只是在一天晚上看到他站在我车库后的车道上。他大概五英尺八英寸高，很瘦。

我问了问他的名字。"托尼·特里维森诺，"他回答道，"我替你刈草坪。"我告诉托尼我雇不起园丁。

"我替你刈草坪。"他重复道，然后便走开了，我满怀着心事地走进了房间。是的，在大萧条的时候，日子是很艰难的，可是我怎能拒绝一个向我求助的人呢？

第二天晚上我回家的时候，草坪已经被整理过了，花园里的杂草也被清除了。我问妻子这是怎么一回事。

"一个男人从我们的车库里取出割草机，然后便在院子里忙开了。"妻子回答道，"我以为是你雇了他。"

我把前一晚的经历告诉了她。我们觉得很奇怪，这个人甚至没向我打听有关报酬的问题。

"我替你刈草坪。"他说。

我开始每个星期付给他少量的报酬，而托尼每天都会打扫院子，做一些粗活。妻子说，每次有重物要搬或是有东西要修理的时候，托尼都帮得上忙。

面对这样一份执著和希冀，你又能怎样呢？当然，托尼得到了工厂的那份工作。

几个月后，我让工厂的人事部向我汇报。他们说托尼是个十分勤奋的工人。

我们有一家很好的培训劳工的学徒学校，但我没把握托尼是否会读蓝图，读千分尺或是做其他的精确工作。不过，跟上次一样，我又怎能拒绝他呢？

托尼以优惠的价格进入学徒学校学习，我得到的报告是，毕业时他成了一名出色的磨工。大概又是一两年过去了，我又在我们往常碰面的地方看到了托尼。我们谈起了他的工作，我问他是否有什么需要。

"克罗先生，我想买一幢房子。"托尼说道。在城郊处他发现了一幢待售的房子，房子已经破败不堪。我为此拜访了一位银行家朋友。"你们是否曾基于人品发放贷款？"

"从来没有。"他说，"我们冒不起这个险。没有可能。"

"先别急。"我回答道，"他是一个勤奋的人，一个值得信赖的人。我可以发誓。他有一份有固定收入的工作。你那块地放在那儿也就是放着，几年之内，你什么也挣不到，而这个人至少可以付给你利息。"

这位银行家朋友最后很不情愿地开出了一张 2 000 美元的抵押单据。大概两年之后，我又在老地方看到了托尼。他站得好像比以前要直一些，而且他更强壮了，看上去也很自信。

"克罗先生，我把我的房子卖出去了。"他骄傲地说，"我挣了 8 000 美元。"

我诧异极了，"可是托尼，没有房子你怎么生活呢？"

"克罗先生，我买了一个农场。"

我坐下来与他聊了起来。托尼告诉我，拥有一个农场是他的梦想。他热爱土豆、辣椒以及所有在意大利食物中占有一席之地的蔬菜。他把妻子和女儿送回意大利，在城郊四处找房子，最后找到了包括一座房子和一个工棚的一小处被遗弃的物产，而现在，他和他的家人要搬到他的农场里去了。

"二战"的时候，我从公司里得到消息，托尼去世了。

我让公司里的人跟他的家人联系，确信他的后事得到了妥善处理。他们看到了一个郁郁葱葱的农场，看到了一座宜人而舒适的房子。院子里有一辆拖拉机和一部好车。孩子们都得到

了良好的教育并找到了工作。托尼没有欠任何人一分钱。

托尼去世后，我经常想起他和他的事业，他渐渐地成了我脑海里的一座雕像。

托尼的起点甚至不是楼梯的最低级，他是从地下室爬上来的。

·突破心障·

布勃卡是闻名全球的奥运会撑竿跳冠军，他曾35次创造了撑竿跳世界纪录，他所保持的两项撑竿跳世界纪录，迄今还没有人打破。因而，他享有"撑竿跳沙皇"的美誉。

不久前，总统亲自授予他国家勋章。在那次隆重、热烈的授勋典礼上，记者们纷纷向他发问："你成功的秘诀是什么?"布勃卡只微笑着说了一句话："就是在每一次起跳前，我都会先把自己的心'摔'过横杆。"别人很难理解这句话，记者们于是纷纷发问说："这句话是什么意思呢?"布勃卡微笑着说："我之所以能够取得这样的成绩，最应该感谢的人应该是我的教练。是他让我从一个很不起眼的人，变成了能够不断超越自我的人。我非常感谢他。"接下来，他给大家讲了一个故事。

殊不知，布勃卡和其他的撑竿跳选手一样，也曾有过一段失落的日子。尽管他非常渴望成功，渴望创造新的成绩，不断地去冲击新的高度，但每每都失败而返。为此，他苦恼过，彷徨过，也沮丧过，甚至动摇过，怀疑自己是不是这块料。就在他几乎要放弃这项运动时，教练看出了他的心态，决定要从心理上让布勃卡真正地成熟起来。

有一天，他照例来到训练场，却怎么也打不起精神，连连叹着气对教练说："我实在是跳不过去啊!"教练平静地问他："你心里是怎么想的?"布勃卡如实回答："我只要一踏上起跑线，看清那根高悬的标杆时，心里就很害怕。我从内心里就觉得自己跳不过去。"突然，教练一声断喝："布勃卡，你现在要做的就是闭上眼睛，先把你的心从横杆上'摔'过去!"教练

人生的道路上，永远横亘着一道道难关。倘若心存疑虑，畏首畏尾，势必寸步难行，一事无成。只有坚定信念，鼓足勇气，突破心障，才能不断地超越自我，达到人生之巅，达到更高境界。

的厉声训斥让布勃卡如梦初醒，他顿时恍然大悟。遵从教练的吩咐，他重新撑起跳竿又试跳了一次，这一次他果然顺利地一跃而过。从那以后，布勃卡的成绩越来越好，最后终于站到了奥运会的领奖台上，成为万众瞩目的奥运英雄。

布勃卡把故事讲完后，人们纷纷感慨，都把敬佩的目光投向了他的教练。接着，有人问教练说："您是怎样觉得布勃卡是一个可塑之才的？"教练微笑着说："从布勃卡正式成为我的弟子后，我就知道他是一个可以有所作为的人。他身上有一种潜力，我应该努力把这种潜力挖出来。从日常的观察中，我又发现每当布勃卡面对高处的标杆时，眼神总是那么飘忽不定，我知道他一定是心有畏惧。所以我决定从心理上帮他克服困难。只有敢把自己的心从横杆上'摔'过去的人，才能成功地笑到最后。"

人生最大的资本

几年前，英国伦敦一个商人的妻子，在一个冬天的晚上，不慎把一个皮包丢在一家医院里。商人焦急万分，连夜去找。因为皮包里不仅有 10 万美金，还有一份十分机密的市场信息。

当商人赶到那家医院时，他一眼就看到，清冷的医院走廊里，靠墙根蹲着一个冻得瑟瑟发抖的瘦弱女孩，她怀中紧紧抱着的正是妻子丢的那个皮包。商人连忙走过去，问小女孩："亲爱的孩子，请问你是在等失主吗？"小女孩认真地点点头，说："有位阿姨把皮包丢了，我在等她来。"商人告诉她，他就是那位女士的丈夫，里面不仅有 10 万美金，还有一份十分重要的资料。小女孩听了，十分高兴地把钱包还给了商人。商人十分感激她，当他听说小姑娘的妈妈生病住院时，他决定帮助这对拾金不昧的母女。

原来，这个叫达雅的女孩是来这家医院陪病重的妈妈治病的。相依为命的娘儿俩家里很穷，卖了所有能卖的东西，凑来的钱还是仅够一个晚上的医药费，没有钱明天就得被赶出医

9

院。晚上，无能为力的达雅在医院走廊里徘徊，她天真地想求上帝保佑，能碰上一个好心人救救她妈妈。突然，一个从楼上下来的女人经过走廊时腋下的一个皮包掉在了地上，可能是她腋下还有别的东西，皮包掉了竟毫无知觉。当时走廊里只有达雅一个人，她走过去捡起皮包，急忙追出门外，那位女士却上了一辆轿车飞驰而去了。

达雅回到病房，当她打开那个皮包时，娘儿俩都被里面成沓的钞票惊呆了。那一刻，她们心里都明白，用这些钱可能治好妈妈的病。妈妈却让达雅把皮包送回走廊去，等丢包的人回来取。妈妈说："丢钱的人一定很着急。人的一生最该做的就是帮助别人，急他人所急；最不该做的是贪图不义之财，见财忘义。"

虽然商人尽了最大的努力，达雅的妈妈还是抛下了孤苦伶仃的女儿离世了。但是她们俩不仅帮商人挽回了10万美元的损失，更重要的是那份失而复得的市场信息，使商人的生意如日中天，不久就成了大富翁。

被商人收养的达雅读完了大学就协助富翁料理商务。虽然富翁一直没委任她任何实际职务，但在长期的历练中，富翁的智慧和经验潜移默化地影响了她，使她成了一个成熟的商业人才。到富翁晚年时，他的很多意向都要征求达雅的意见。

富翁临危之际，留下一份令人惊奇的遗嘱："在我认识达雅母女之前我就已经很有钱了。可当我站在贫病交加却拾巨款而不昧的母女面前时，我发现她们最富有，因为她们恪守着至高无上的人生准则，这正是我作为商人最缺少的。我的钱几乎都是尔虞我诈、明争暗斗得来的。是她们使我领悟到了人生最大的资本是品行。我收养达雅既不是为知恩图报，也不是出于同情，而是请了一个做人的楷模。有她在我的身边，生意场上我会时刻铭记，哪些该做，哪些不该做，什么钱该赚，什么钱不该赚。这就是我后来更加兴旺发达的根本原因，我成了亿万富翁，我的全部遗产由达雅继承。"

达雅看到这份遗嘱后，热泪盈眶。她说："自己这些年也从养父身上学到了许多，我明白一个人活在世上，最应该做的不是追名逐利，而是应该用自己所能及的力量，来帮助需要帮助的人，这是我的理想信条。"

无意助人，带来无穷财富

柏年在美国的律师事务所刚开业时，连一台复印机都买不起。移民潮一浪接一浪地涌进美国的丰田沃土时，他接了许多移民的案子，常常深更半夜被唤到移民局的拘留所领人，还不时地在黑白两道间周旋。他开一辆掉了漆的宏达车，在小镇间奔波，兢兢业业地做职业律师。终于媳妇熬成了婆，电话线换成了四条，扩大了办公室，又雇用了专职秘书、办案人员，气派地开起了"奔驰"，处处受到礼遇。然而，天有不测风云，他一念之差将资产投资股票，却几乎亏尽。更不巧的是，岁末年初，移民法又再次修改，职业移民名额削减，顿时门庭冷落。他想不到从辉煌到倒闭几乎只在一夜之间。这时的他十分无助，想到自己的人生为什么那么失败，自己又如何能够从逆境中走出来，他十分苦恼。

这时，他收到了一封信，是一家公司总裁写的。信中写到愿意将自己公司 30% 的股权转让给他，并聘他为公司和其他两家公司的终身法人代理。他简直不敢相信自己的眼睛。他在心里一直发问，难道是天使降临了，要不为什么会有这样好的事情发生呢？

他找上门去，总裁是个 40 开外的波兰裔中年人。"还记得我吗？"总裁问。

他摇了摇头。总裁微微一笑，从硕大的办公桌的抽屉里拿出一张皱巴巴的 5 块钱汇票，上面夹的名片印着柏年律师的地址、电话。他实在想不起还有这样一桩事情。

"10 年前，"总裁开口了，"我在移民局排队办工卡，排到我时，移民局已经快关门了。当时，我不知道工卡的申请费用涨了 5 美元，移民局不收个人支票，我又没有多余的现金，如果我那天拿不到工卡，雇主就会另雇他人了。这时，是您从身

感悟
ganwu

"投之以木桃，报之以琼瑶"，这是做人的互助原理。无心插柳柳成荫，这种无意的助人行为，带来的是受助后的成功，有许多偶然的事情将会决定你的未来命运，但前提是你必须助人和受助。

后递了5美元上来，我要您留下地址，好把钱还给您，您就给了我一张名片。"

他也渐渐回忆起来了，但是仍将信将疑地问："后来呢?"

"后来我就在这家公司工作，很快我就发明了两个专利。我到公司上班后的第一天就想把这张汇票寄出，但是一直没有。我单枪匹马来到美国闯天下，经历了许多冷遇和磨难。这5块钱改变了我对人生的态度，所以，我不能随随便便就寄出这张汇票。"

柏年此刻才恍然大悟，明白了事情的由来。总裁接着说："当时的这5美元，代表了一种信任。这些年来的经历，更使我明白了相互帮助、相互信任的重要性。我十分感谢您，真的。当我听说您的事业遇到困难时，我想帮您一把，这样也能了却我多年来的一桩心愿。"

柏年听完总裁的话，激动地流下了眼泪。

勇者马云

2012年，阿里巴巴集团董事会主席兼首席执行官马云入选CCTV中国经济年度人物，他的成绩，让他毫无疑问地成为众人瞩目的焦点。但真正让他引领这个行业的，是他的勇气和战略眼光。

1995年初，马云偶然去美国，首次接触到互联网。对电脑一窍不通的他，在朋友的帮助和介绍下开始认识互联网。敏感的马云意识到：互联网必将改变世界！随即，马云萌生了一个想法：要做一个网站，把国内的企业资料收集起来放到网上向全世界发布。

此时，互联网对于绝大部分中国人来说还是非常陌生的东西，即使在全球范围内，互联网也刚刚开始发展。马云梦想着要用互联网来开公司的想法立即遭到了亲朋好友的强烈反对。但他力排众议，放弃了高校教师的铁饭碗，毅然投身互联网。他东拼西凑了10万块钱，在只有一间屋子的办公室里，创办了"中国黄页"网站，这也是全球第一家网上中文商业信息站点。马云的先见之明为他带来了丰厚的利润。不到3年，马云就轻轻松松赚了500万元，并在国内打开了知名度。

1999年初，马云进行二次创业，怀揣着建立最伟大的世界互联网公司的梦想，介入电子商务领域。他根据长期以来在互联网商业服务领域的经验和体会，毅然作出决断———"弃鲸鱼而抓虾米，放弃那15％大企业，只做85％中小企业的生意"。马云要做的事就是提供这样的一个平台，将全球中小企业的进出口信息汇集起来，并且提出了"要把全世界的商人联合起来"的惊人口号。就这样，1999年9月，马云的阿里巴巴网站横空出世，在整个互联网界开创了一种崭新的模式，被国际媒体称为继雅虎、亚马逊、易贝之后的第四种互联网模式。创业当年，阿里巴巴的会员就达到8.9万个；2000年达到50万；在2001年互联网的严冬季节，阿里巴巴依然实现了百万会员的目标，并成为全球首家超过百万会员的商务网站。

如今的阿里巴巴已成为拥有淘宝网、天猫、中国雅虎等12家公司的大型集团，是亚洲最大的网络零售商圈。马云也被人们称为"中国的互联网教父"。

认 爹

多年前，美国纽约的"红心慈善协会"准备为一家孤儿院盖一幢大房子。在破土动工时，意外地挖到了一座坟墓，于是在报纸上刊出启事，请死者家属速去办理移坟事宜，届时将得到补偿款5万美元。

42岁的爱德华看了这则消息不禁怦然心动，他的家就曾在那片土地上，父亲也确实死去8年，但不葬在那里。就差了一点点，爱德华忍不住地想，要是父亲当初葬在那块地上，他就可以轻而易举地获得5万美元。5万美元在当时可是一个惊人的数目。

虽然那不是自己父亲的坟，但爱德华还是抑制不住5万美元的诱惑。他想，那座坟墓既然没有人认领，自己可不可以冒充回孝子，做一回儿子？爱德华为自己的想法所激动。不过启事上说得很明白：要去认领，得拿出相关的证明。

爱德华绞尽脑汁，终于想出了可以证明那是自己父亲坟墓的办法。他来到旧货市场，买了一张30年前的旧发票，又到丧事用品店花6美元让人在旧发票上盖了一个章，证明他30年前曾为父亲在那里买过丧葬用品。爱德华做得天衣无缝，喜出望外地跑去认爹了。

那家慈善机构的一位小姐热情接待了爱德华。爱德华装出一副悲痛的模样，甚至掉下眼泪，痛哭不止。接待小姐却笑了，说，你不必这样，老人家毕竟已经入土30年了，活人不该再这样悲痛。爱德华感到自己的表演有点儿过头了，便不再装腔作势。

接下来的事，却让爱德华大吃一惊。小姐将他的姓名、地址记录在案，告诉他，他是第169位来认父亲的儿子；说得明白点儿，现在已经有169个儿子来认爹了。他们要一一审查，确认谁是其中的真儿子。

爱德华如遭当头一棒，他怎么也没想到，会有这么多和他一样财迷心窍想认爹的人。

在当时的美国，全社会都在经受着一场信任与诚实的危机，人们对诚信的呼声日渐高涨。

事情被一家媒体知道，将这169位认爹的人的姓名刊登在报纸上，告诉人们：人再贪财，爹也是不能乱认的。这时对坟墓尸骨的鉴定结果也出来了，令人惊奇的是，这169位儿子都是假的。坟墓里的尸体已经有160年了，死者的儿子不可能还健在。

这真是一个耻辱。

又是这家慈善机构宣布：如果大家确实想认爹，可以到老

年收容所去，他们每人都将得到一个爹。看到这幕闹剧，美国上下深受震动。各界人士纷纷站出来呼唤诚信，号召人们一定要做一个诚实坦白的人，一定要靠自己的劳动创造自己的未来。

那次事件后，爱德华感到无地自容，非常惭愧。他将那份报纸珍藏起来，警示自己一定要做一个诚实可信的人。十年后，爱德华成为了全美通信器材界的巨头。当有人问他创业和成功的秘诀时，爱德华坚定而感慨地说：诚实，是诚实帮助了我，使我学会了做人，使我有了事业并学会了如何待人，诚实给了我一切。一个诚实可信的人，虽然会被人欺骗，常常吃亏，但最终会赢得信誉，受人爱戴，并获得成功。

诚实，一直是美国人无比注重的东西，也是美国人事业腾飞的武器。诚实是一个民族强大起来的根本。

帮助他人就是帮助自己

一位基督徒一生行善无数，临终前有一位天使特地下凡来接引他上天堂。

天使说："大善人，由于你一生行善，成就了很大的功德，因此在你临终前，我可以答应你完成一个你最想完成的愿望。"大善人说："神圣的天使，谢谢您这么仁慈。我一生当中最大的遗憾就是：我信奉主一生，却从来没见过天堂与地狱究竟是什么样子。在我死之前，您可不可以带我到这两个地方参观参观？"天使说："没有问题，因为你即将上天堂，因此我先带你到地狱去吧。"

大善人跟随天使来到了地狱，地狱里的景色并不像人们想象的那么阴森恐怖。并且在他们面前出现一张很大的餐桌，桌上摆满了丰盛的佳肴。"地狱的生活看起来还不错嘛！没有想象中的悲惨嘛！"大善人很疑惑地对天使说道。天使笑着说："不用急，你再继续看下去，等等你就知道了。"

这个故事应该是大家比较熟悉的一个经典故事，天堂和地狱的区别其实就是这么小，仅仅是做事情的方式不同而已。只顾自己的人，别人也不会想到你；经常想到别人的人，别人也会记住你。

过了一会儿，用餐的时间到了，只见一群骨瘦如柴的饿鬼鱼贯入座。他们每个人手上拿着一双长十几尺的筷子，大善人看到了，说道："为什么要给他们用这么长的筷子呢？为什么不行行好，给他们短一点的筷子呢？"天使听了，笑了笑，但是没有做声。只见地狱里的每个人用尽了各种方法，尝试用他们手中的筷子去夹菜吃。可是由于筷子实在是太长了，最后每个人都吃不到东西。"实在是太悲惨了，他们怎么可以这样对待这些人呢？给他们食物的诱惑，却又不给他们吃。""你真觉得很悲惨吗？我再带你到天堂看看就知道了。"

到了天堂，同样的情景，同样的满桌佳肴，每个人同样用一双长十几尺的筷子。不同的是，围着餐桌吃饭的是一群洋溢着欢笑、长得白白胖胖的可爱的人们。他们用同样的筷子夹菜，不同的是，他们喂对面的人吃菜，而对方也喂他吃。因此每个人都吃得很愉快。

大善人看到这里，深有感触地对天使说："我终于明白天堂和地狱的差别了。"天使高兴地对大善人说："很高兴你能明白这个道理，也十分欢迎你加入到我们的团体中来。"

抱着空花盆的孩子

从前有一位贤明而受人爱戴的国王，把国家治理得井井有条，人民能够安居乐业。国王的年龄逐渐大了，但膝下并无子女，这件事让国王很伤心。终于他决定，在全国范围内挑选一个孩子做他的义子，培养成自己的接班人。

国王选义子的标准很独特，给孩子们每人发一些花种子，宣布谁如果能用这些种子培育出最美丽的花朵，那么谁就成为他的义子。孩子们领回种子后精心培育，从早到晚，浇水，施肥，松土，谁都希望自己能够成为幸运者。

有个叫雄日的孩子，他整天精心地培育花种。但是十天过去了，半个月过去了，一个月过去了，花盆里的种子连芽都没有冒出来，更别说开花了。

苦恼的雄日去请教母亲，母亲建议他把土换一换，但依然无效，母子两个都束手无策。

日子一天天过去了，雄日的种子最终没有开出美丽的花朵。雄日伤心地对母亲说："我该怎么办呢？难道要抱着一个空的花盆去吗？"母亲语重心长地对他说："孩子，人无论做什么事情，首先就是要诚实。那么最后即使失败了，我们也不会后悔的。"雄日听了，认真地点了点头。

国王决定观花的日子到了。无数个穿着漂亮衣裳的孩子涌上街头，他们各自捧着盛开着鲜花的花盆，用期盼的目光看着缓缓巡视的国王。国王环视着争奇斗艳的花朵和精神漂亮的孩子们，并没有像大家想象中的那样高兴。

忽然，国王看见了端着空花盆的雄日。他无精打采地站在那里，眼角还有泪花，国王把他叫到跟前，问他："你为什么端着空花盆呢？"

雄日心里很悲伤。他把自己如何精心摆弄，但花怎么也不发芽的经过说了一遍。还说，他想这是报应，因为他在别人的花园中偷过一个苹果吃。等雄日把话说完后，没想到国王的脸上却露出了最开心的笑容。他把雄日抱起来，高声说："孩子，我找的就是你！"

"为什么是这样？"大家不解地问国王。国王说："我发下的花种全部都是煮过的，根本就不可能发芽开花的。"雄日听了这话，也高兴地笑起来。

捧着鲜花的孩子们都低下了头，在他们的心里，也许又播下了另一颗种子。

| 感 悟
ganwu

播下诚实的种子，收获人生的硕果。诚实是人类的美德，是需要传承的美德。只有诚实的种子能够在大地上生根、发芽、开花，我们的世界才会变得更加美好。

成功只是多说了一句话

大专毕业的阿琳因为一时找不到工作，只好进了一家百货公司做营业员。尽管别人都认为她做营业员太可惜，但她却很

感悟
ganwu

有时候成功就是这么简单，只是比别人多说了一句话而已，但并不是每个人都会多说那一句话的，因为这需要责任心和爱心。

珍惜这份工作。阿琳热情周到的服务很快便得到了顾客和领导的好评。

阿琳所在的柜组前面有道不起眼的台阶，时常会有顾客经过时不小心被绊一下。所以每当有不知情的顾客经过时，阿琳总是善意地提醒一句"请小心前面的台阶"。别的同事见了总是笑她多此一举，那些人又不买自己柜组的商品，管那闲事干吗！阿琳对此也从不争辩，总是一笑置之。

一天，公司老总进行巡视时正巧经过那道台阶，阿琳还是像以前一样习惯性地提醒说："请小心前面的台阶。"老总一愣，但很快便明白了是怎么回事，他没有说什么，只是看着阿琳，脸上流露出一种赞赏的笑容。很快阿琳便被提升为柜组组长，一年之后，她成了这家公司的副总经理。

科比的"666魔鬼训练法"

科比被认为是NBA里最勤奋的球员，他给自己制定的训练计划，比任何一个人都要长，他练得比任何一个人都刻苦。当你晚上11点看到他离开球馆，第二天凌晨4点又看到他出现在训练场上时，你就会明白，我们眼前的科比是如何"炼"成的了？中国有句古话：勤奋出天才。这古老的东方格言同样适用于科比。十年前科比就是湖人队中最勤奋的球员，十年过去了，仍然没有人能比科比训练得更刻苦。当年的乔丹，为了练习手感曾有过每天投篮2000次的经历，但就整体强度来说，那也只是科比的平均水平。

"赛季进行中，我会把很多精力放在力量训练上。而到了季后赛时，比赛的强度会更大，也要求你的反应更敏捷。因为你必须让自己以最佳的状态应对即将到来的恶战。"科比坦言。

他的训练表上永远写得密密麻麻。"每天早上首先是举重，我靠它来提高自己的力量和肌肉爆发力。通常情况下，我会一直练到手臂发抖，再也举不起来为止。7点到11点半的这段时间里，我会去练习投篮。其他的时间，我有时会打打沙袋，这也是为了增强力量和爆发力。"

也许那看起来枯燥无聊，但是科比告诉你："基础的体能训练，非常有帮助。不管你的计划是怎样的，但是突破自己的万能钥匙，就是把自己逼到你的极限。如果做不到这一点，是很难收到效果的。你要做好准备去承受身体的一些痛苦，感觉你的肺部像要爆炸，甚至，你觉得你可能要吐血了。哈哈，如果你出现了诸如此类的反应，那么你自然会变得越来越强。"

这并不是因为科比觉得自己是超人，相反，他更愿意当个蝙蝠侠。"对于我而言，超人是个胆小的人。因为生来就是超人，而不是通过努力得来的，他生来就具备这些超能力。而蝙蝠侠原本也是普通人，就像你我一样有血有肉，通过努力才得到了他所拥有的一切。他必须去训练，让自己去转变。"

很多人看到的是科比在球场上的惊人天赋，但很少人看到科比背后训练的汗水与艰辛。为了自己的身体变得更强壮，2002夏天的时候他选择了传说中的"666魔鬼训练法"——每周6天，每天6个小时，每次6个阶段，包括投篮6000次，跳箱6000次，100米冲刺训练6000次，举杠铃600下，深蹲600次，俯卧撑600个……他的训练师坦言："在此之前，还没人能在这样的训练中坚持下来。"

直到现在，哪怕他已经是MVP，拥有总冠军戒指，但是每天坚持进行700到1000次的投篮练习，却是雷打不动。

感悟
ganwu

成功往往意味着你要比别人付出更多的汗水，经历更多的磨难。凤凰涅槃，正是因为经历了强烈的痛苦，才有震撼人心的美丽。别人看到的是成功者的光辉和荣耀，只有他自己知道，在通往成功的路上，有着怎样的艰难和辛酸。

·仇人与恩人·

感悟
gǎnwù

　　善于忘记仇恨，是成就事业者的一个特征。只有忘记仇恨，宽宏大量，才能提高自己，开阔自己，才可以放下沉重的心理包袱，大踏步地前进。

　　大学刚毕业的时候，某电视公司请我去主持一个特别节目，那节目的导播看我文章写得不错，又要我来兼编剧。

　　可是当节目做完后，领酬劳的时候，导播不但不给我编剧费，还扣我一半的主持费。他把收据交给我说："你签收1 600，但我只能给你800，因为节目透支了。"

　　我当时没吭声，照签了，心想："君子报仇，十年不晚。"

　　后来那导播又找我，我还"照样"帮他做了几次。

　　最后一次，他没扣我钱，变得对我很客气，因为那时我被电视公司的新闻部看上，一下子成为了电视记者兼新闻主播。

　　我们后来常在公司遇到，他每次都笑得有点尴尬。我知道他心里肯定对我有一丝愧疚之情。

　　我曾经想去告他一状，可是转念一想："没有他，我能有今天吗？如果我当初不忍下一口气，又能继续获得主持的机会吗？"

　　"机会是他给的，他是我的贵人，他已经知错，我又何必去报复呢？"想到这里，我释怀了。

　　后来我到了美国留学，不想却遇到了一个和我有相同经历的人。

　　有一天，一位已经就业的同学对我抱怨他的美国老板"吃"他，不但给他很少的薪水，而且故意拖延他的绿卡（美国居留权）的申请。他非常生气。

　　我当时对他说："这么坏的老板，不做也罢。但你岂能白干了这么久，总要多学一点再跳槽，所以你要学着偷偷地学。"

　　他听了我的话，不但每天加班，并且留下来背那些商业文书的写法。甚至连怎么修理影印机，都跟在工人旁边记笔记，以便有一天自己出去创业，能够省点修理费。隔了半年，我问

他是不是打算跳槽了。他居然一笑，说道："不用！我的老板现在对我是刮目相看，又升官，又加薪，而且绿卡也马上就要下来。老板还问我为什么态度一百八十度转变，而且变得那么积极呢？"

他心里的不平不见了，他作了"报复"，只是换了一种方法，而且他还自我检讨，觉得当年其实是他自己不努力。现在他努力地工作，肯定会得到别人的赏识的。

敌人，仇人，都可以激发你的潜能，成为你的贵人。

你也要知道，许多仇、怨、不平，其实问题都出在你自己身上。

你更要知道，这世间最好的"报复"，就是运用那股不平之气，使自己迈向成功，以那成功和"成功之后的胸怀"，对待你当年的敌人，且把敌人变成朋友。这样，我们的生活也会处处充满阳光。

当"冤冤相报何时了"的双输成为"相逢一笑泯恩仇"的双赢时，这难道不是人生最大的成功吗？

女大学生凭两块钱进外企

在一次招聘会上，北京某外企人事经理说，他们本想招一个有丰富工作经验的资深会计人员，结果却破例招了一位刚毕业的女大学生，让他们改变主意的起因只是一个小小的细节：这个学生当场拿出了两块钱。

这个理由一出，整个会场议论纷纷。

人事经理说，当时，这个女大学生因为没有工作经验，在面试一关即被遭到了拒绝。但她并没有气馁，一再地坚持。她对主考官说："请您再给我一次机会，让我参加完笔试吧。"主考官拗不过她，就答应了她的请求。结果，她通过了笔试，由

人事经理亲自来复试。

人事经理对她颇有好感，因她的笔试成绩最好。不过，女孩的话让经理有些失望。她说自己没有工作过，唯一的经验是在学校掌管过学生会的财务。找一个没有工作经验的人做财务会计不是他们的预期。经理决定收兵："今天就到这里，如有消息我就会打电话通知你的。"

女孩从座位上站起来，向经理点点头，她没有说话，只是从口袋里掏出两块钱。她用双手把两块钱递给经理，并说："不管是否录取，请都给我打个电话。"

经理从未见过这种情况，问："你怎么知道我从来不给没有录用的人打电话的？"

"您刚才说有消息就打，那言下之意就是没录取就不打了。"

经理对这个女孩产生了浓厚的兴趣，问："如果你没被录取，我打电话，你都想知道些什么呢？""请您告诉我，在什么地方我不能达到你们的要求，在哪方面不够好，这样我好改进。""那两块钱……"女孩微笑道："给没有被录用的人打电话不属于公司的正常开支，所以由我付电话费，请您一定打。"经理也笑了，"请你把两块钱收回，我不会打电话了，我现在就通知你，你被录用了。"

记者问："仅凭两块钱就招了一个没有经验的人，是不是太感情用事了？"经理说："不是。这些面试细节反映了她作为财务人员具有的良好的素质和人品，素质和人品有时比资历和经验更为重要。第一，她一开始便被拒绝，但却一再地争取，说明她有坚毅的品格。财务是十分繁杂的工作，没有足够的耐心和毅力是不可能做好的。我们需要的就是有这样品格的员工。第二，她能坦言自己没有工作经验，显示了一种诚信，这对搞财务工作尤为重要。如果一个做财务工作的人没有诚信的话，那么以后在业务的处理上也不会诚信待人的。第三，即使不被录取，她也希望能得到别人的评价，说明她有直面不足的勇气和敢于承担责任的上进心。员工不可能把每项工作都做得很完美，我们接受失误，却不能接受员工自满不前。第四，女孩自掏电话费，反映出她公私分明的良好品德，这更是财务工作所不可或缺的。财务工作如果公私不明，那么不仅是公司的损失，更是我们公司的失败。"

道　歉

飞机起飞前，一位乘客请求空姐给他倒一杯水吃药。空姐很有礼貌地说："先生，为了您的安全，请稍等片刻，等飞机进入平稳飞行后，我会立刻把水给您送过来，好吗？"

15分钟后，飞机早已进入了平稳飞行状态。突然，乘客服务铃急促地响了起来，空姐猛然意识到：糟了，由于太忙，她忘记给那位乘客倒水了！当空姐来到客舱，看见按响服务铃的果然是刚才那位乘客。她小心翼翼地把水送到那位乘客跟前，面带微笑地说："先生，实在对不起，由于我的疏忽，延误了您吃药的时间，我感到非常抱歉。"这位乘客抬起左手，指着手表说道："怎么回事，有你这样服务的吗？"空姐手里端着水，心里感到很委屈，但是，无论她怎么解释，这位挑剔的乘客都不肯原谅她的疏忽。

接下来的飞行途中，为了补偿自己的过失，每次去客舱给乘客服务时，空姐都会特意走到那位乘客面前，面带微笑地询问他是否需要水，或者别的什么帮助。然而，那位乘客余怒未消，摆出一副不合作的样子，并不理会空姐。

临到目的地前，那位乘客要求空姐把留言本给他送过去，很显然，他要投诉这名空姐。此时空姐心里虽然很委屈，但是仍然不失职业道德，显得非常有礼貌，而且面带微笑地说道：

"先生，请允许我再次向您表示真诚的歉意，无论您提出什么意见，我都将欣然接受您的批评！"那位乘客脸色一紧，嘴巴准备说什么，可是却没有开口，他接过留言本，开始在本子上写了起来。

等到飞机安全降落，所有的乘客陆续离开后，空姐本以为这下完了，没想到，等她打开留言本，却惊奇地发现，那位乘客在本子上写下的并不是投诉信，相反，是一封热情洋溢的表扬信。

责任感创造奇迹

几年前，美国著名心理学博士艾尔森对世界 100 名各个领域中的杰出人士做了问卷调查，结果让他十分惊讶——其中 61 名杰出人士承认，他们所从事的职业，并不是他们内心最喜欢做的，至少不是他们心目中最理想的职业。

这些杰出人士竟然在自己并不喜欢的领域里取得了那样辉煌的业绩，除了聪颖和勤奋之外，究竟靠的是什么呢？

带着这样的疑问，艾尔森博士又走访了多位商界英才。其中纽约证券公司的金领丽人苏珊的经历，为他寻找满意的答案提供了有益的启示。

苏珊出身于中国台北的一个音乐世家，她从小就受到了很好的音乐启蒙教育，非常喜欢音乐，期望自己的一生能够驰骋在音乐的广阔天地里，但她却阴差阳错地考进了大学的工商管理系。一向认真的她，尽管不喜欢这一专业，可还是学得格外刻苦，每学期各科成绩均是优异。毕业时她被保送到美国麻省理工学院，攻读当时许多学生可望而不可即的 MBA。后来，她又以优异的成绩拿到了经济管理专业的博士学位。

如今她已是美国证券业界的风云人物，但是她在被调查时依然心存遗憾地说："老实说，至今为止，我仍不喜欢自己所从事的工作。如果能够让我重新选择，我会毫不犹豫地选择音

感悟 ganwu

"热爱是最好的教师""做自己想做的事"，这些话已经是耳熟能详的名言。但是，"责任感可以创造奇迹"，却容易被人忽视。只要有高度的责任感，即使在自己并非最喜欢和最理想的工作岗位上，也可以创造出非凡的奇迹。

乐。但我知道那只能是一个美好的'假如'了，我只能把手头的工作做好……"

艾尔森博士直截了当地问她："既然你不喜欢你的专业，却为何学得那么棒？既然不喜欢眼下的工作，为何又做得那么优秀呢？"

苏珊的眼里闪着自信，十分明确地回答："因为我在那个位置上，那里就有我应尽的职责，我必须认真对待它。不管喜欢不喜欢，那都是我自己必须面对的，都没有理由草草应付，都必须尽心尽力，尽职尽责，那不仅是对工作负责，也是对自己负责。有责任感就可以创造奇迹。您不这样认为吗，博士？"

艾尔森博士笑了笑，点点头说道："您说得有道理。"

艾尔森在以后的继续走访中，发现许多的成功人士之所以能出类拔萃，与苏珊大致相同——因为种种原因，他们常常被安排到自己并不十分喜欢的领域，从事着并不十分理想的工作，一时又无法更改。这时，任何的抱怨、消极、懈怠，都是不足取的。唯有把那份工作当做一种不可推卸的责任担在肩头，全身心地投入其中，才是正确与明智的选择。正是在这种"在其位，谋其政，尽其责，成其事"的高度责任感的驱使下，他们才赢得了令人瞩目的成功。

艾尔森博士的调查结论，使人想到了我国的著名词作家乔羽。他曾在中央电视台《艺术人生》节目里坦言，自己年轻时最喜欢做的工作不是文学，也不是写歌词，而是研究哲学或经济学。他甚至开玩笑地说，自己很可能成为科学院的一名院士。但是实际上，乔羽在自己并不喜欢的职业上，做出了令人瞩目的成就。由他作词的歌曲《让我们荡起双桨》至今还传唱不衰。不用多说，他在并非最喜欢和最理想的工作岗位上兢兢业业，为人民作出了家喻户晓的贡献。这源于一种责任感，这种责任感就是一种能够使人成功的品质。

·心平气和的刘铭传·

清廷派驻台湾的总督刘铭传，是建设台湾的大功臣，台湾的第一条铁路便是他督促修的。

刘铭传的被任用，有一则发人深省的小故事：

当李鸿章将刘铭传推荐给曾国藩时，还一起推荐了另外两个书生。曾国藩为了测验他们三人中，谁的品格最好，便故意约他们在某个时间到曾府去面谈。可是到了约定的时刻，曾国藩却故意不出面，让他们在客厅中等候，暗中却仔细观察他们的态度。只见其他两位都显得很不耐烦似的，不停地抱怨；只有刘铭传一个人安安静静、心平气和地欣赏墙上的字画。后来曾国藩考问他们客厅中的字画，只有刘铭传一人答得出来。

结果刘铭传被推荐为台湾总督。

·我想想办法·

一天夜里，已经很晚了，一对年老的夫妻走进一家旅馆，他们想要一个房间。前台侍者回答说："对不起，我们旅馆已经客满了，一间空房也没有剩下。"看着这对老人疲惫的神情，侍者又说："但是，让我来想想办法……"

叙述到这里，你希望下面有一个数学的继续，还是愿意得到一个文学的结局？但不管怎样，数学和文学都将在这里分手了。

数学的故事是这样发展的：这个好心的侍者开始动手为这对老人解决房间的问题。他叫醒旅馆里已经睡下的房客，请他们换一换地方：1号房的客人换到2号房间，2号房的客人换到3号房间……以此类推，直至每一位房客都从自己的房间搬到下一个房间。这时奇迹出现了，1号房间竟然空了出来。侍

者高兴地将这对老年夫妇安排了进去。没有增加房间，没有减少客人，两位老人来到时所有的房间都住满了客人——但是仅仅通过让每一位客人挪到下一个房间，结果第一个房间就空了出来，这是为什么呢？——原来，两位老人进的是数学上著名的希尔伯特旅馆——它被认为是一个有着无数房间的旅馆。这个故事是伟大的数学家大卫·希尔伯特所讲述的。他借此引出了数学上的"无穷大"的概念。这一概念对于这门学科来说非常重要，可以说如果没有它我们就很难想象数学将如何存在。只要会数数的人都知道，每一整数都有一个后继者直至无穷（所以在希尔伯特旅馆里，每间房子后面都会有一间直至无穷）……数学就是一门关于无穷大的科学。

｜感悟
　ganwu

事情都是从一个富有同情心、满怀仁爱的侍者的智慧头脑开始："让我来想想办法……"你最终会发现，不管是文学还是数学，结局都是很神奇的——爱加上智慧原来是能够产生奇迹的。

好了，我们回到侍者说"让我来想想办法"的地方。文学的故事是这样继续的：这个文学的侍者理应更富人性和爱心，他当然不忍心深夜让这对老人出门另找住宿。而且在这样一个小城，恐怕其他的旅店也早已客满打烊了，这对疲惫不堪的老人岂不会在深夜流落街头？于是好心的侍者将这对老人引领到一个房间，说："也许它不是最好的，但现在我只能做到这样了。"老人见眼前其实是一间整洁又干净的屋子，就愉快地住了下来。

第二天，当他们来到前台结账时，侍者却对他们说："不用了，因为我只不过是把自己的屋子借给你们住了一晚——祝你们旅途愉快！"原来如此。侍者自己一晚没睡，他就在前台值了一个通宵的夜班。两位老人十分感动。老头儿说："孩子，你是我见到过的最好的旅店经营人。你会得到报答的。"侍者笑了笑，说这算不了什么。

他送老人出了门，转身接着忙自己的事，把这件事情忘了个一干二净。没想到有一天，侍者接到了一封信函，打开看，里面有一张去纽约的单程机票并有简短附言，聘请他去做另一份工作。他乘飞机来到纽约，按信中所标明的路线来到一个地方，抬眼一看，一座金碧辉煌的大酒店耸立在他的眼前。原来，几个月前的那个深夜，他接待的是一个有着亿万资产的富翁和他的妻子。富翁为这个侍者买下了一座大酒店，深信他会经营管理好这个大酒店。这就是全球赫赫有名的希尔顿饭店首任经理的传奇故事。

教授向坐在最差位置上的同学鞠躬

那是学校最有名的一位教授开设的讲座。等到我赶往大讲堂的时候，大讲堂里靠近讲台和过道两边的座位，都已经被别人占去了。而中间和后面那些出入不方便的座位，却还空着。我挑了一个位置坐了下来，然后向讲台看去，只见教授早已经坐在那里了。

这时听讲座的同学陆续都来了，大讲堂里的每一个座位上都坐着人。讲座准时开始，教授从坐着的椅子上站起来。他径直走下讲台，来到大讲堂最后面一排的座位上，指着座位中间的一个同学说："同学们，在开始今天的讲座之前，请允许我向这位同学致敬。"说着，教授向那位同学深深地鞠了一躬。

大讲堂里一下变得鸦雀无声，大家不知道发生了什么事情。

教授鞠完躬，站起来，缓缓地说道："我之所以向这位同学鞠躬，是因为他选择坐里面位置的行动，这让我充满了敬意。"

大家听着教授的这句话，讲堂里一下变得有些骚动起来。大家低声议论起来。教授没有反驳同学们的话，依然用不高的语调说道："我今天是第一个来大讲堂的，在你们入场的时候，我特别注意观察了。我发现，许多先到的同学，一进来就抢占了靠近讲台和过道两边的座位，在他们看来，那一定是最好的

位置了，好进好出，而且离讲台也近，听得也最清楚了。只有这位同学来的时候，我注意看到了，当时靠前和两边的位置还有很多，可是他却径直走到大讲堂的最后面，而且是坐在最中间，进出都不方便的位置。这位同学把好的位置留给了别人，自己却宁愿坐最差的位置。他的这种思想，难道不值得我们充满敬意吗？"

教授接着说道："我继续观察后发现，先前那些抢占了他们认为是好位置的同学，其实备受其苦，因为座位前排与后排之间的距离小，每一个后来者往里面进时，靠边的同学都不得不起立一次，这样才能让后来者进去。我统计了一下，在半个小时之内，那些抢占了'好位置'的同学，竟然为他们只想着自己的行为，付出了起立十多次的代价。而那位坐在后排中间的同学，却一直安详地看着自己的书，没人打扰。"

说到这里，教授停顿了一下，向大讲堂四周从前至后地看了一遍，然后望着大家，缓缓地，但却很有力地说道："同学们，请记住吧。当你心中只有你自己的时候，你把麻烦其实也留给了自己；当你心中想着他人的时候，其实他人也在不知不觉中方便了你……"

讲堂里顿时鸦雀无声，许多人惭愧地低下了头。

抽水机旁的水瓶

有一个人在沙漠行走了两天，饥寒交迫，并且途中遇到了暴风沙。一阵狂沙吹过之后，他已认不清正确的方向。正当快撑不住时，突然，他发现了一幢废弃的小屋。他十分高兴，觉得上天是不会绝他的路的。于是他拖着疲惫的身子走进了屋内。这是一间不通风的小屋子，里面堆了一些枯朽的木材。他几近绝望地走到屋角，却意外地发现了一座抽水机。

他兴奋地上前汲水，但是任凭他怎么抽水，也抽不出半滴

感悟
ganwu

当一个人面临机遇与挑战时，他应该如何选择？当一个人在生死关头时，他又应该如何选择？这是摆在我们大家面前的一个很严肃的问题。从这个故事中，我们应该学到很多很多。

来。他颓丧地坐在地上，却看见抽水机旁有一个用软木塞堵住瓶口的小瓶子，瓶上贴了一张泛黄的纸条。会是什么呢？他疑惑地捡起了纸条。

纸条上写着："你必须用水灌入抽水机才能引水！不要忘了，在你离开前，请再将水装满！"

他拔开瓶塞，发现瓶子里果然装满了水！

他的内心，此时开始交战着——

如果自私点，只要将瓶子里的水喝掉，他就不会渴死，就能活着走出这间屋子！

如果照纸条做，把瓶子里唯一的水，倒入抽水机内，万一水一去不回，他就会渴死在这地方了——到底要不要冒险？

他思前想后，还是决定按照纸条上的办法去做。

最后，他把瓶子里唯一的水，全部灌入看起来破旧不堪的抽水机里。

当他用几乎颤抖的手汲水时，水真的大量涌了出来！

他将水喝足后，又把瓶子装满，用软木塞封好，然后在原来那张纸条后面再加上他自己的话："相信我，真的有用。在取得之前，要先学会付出。"

他步履蹒跚但是信心百倍地从小木屋中走出去，面对广阔的沙漠，他自信地笑了。

·迟 到·

我的一位同学，曾说过这样一段经历：

那年她刚从大学毕业，分配在一个离家较远的公司上班。每天清晨7点，公司的专车会准时等候在一个地方接送她和她的同事们。

一个骤然寒冷的清晨，她关闭了闹钟尖锐的铃声后，又稍微赖了一会儿暖被窝，像在学校的时候一样。她尽可能最大限

度地拖延一些时光，用来怀念以往不必为生活奔波的寒假日子。那一个清晨，她比平时迟了五分钟起床。可是就是这区区五分钟却让她付出了代价。

那天当她匆忙中奔到专车等候的地点时，到达时间已是 7 点 5 分。班车开走了。站在空荡荡的马路边，她茫然若失。一种无助和受挫的感觉第一次向她袭来。

就在她懊悔沮丧的时候，突然看到了公司的那辆蓝色轿车停在不远处的一幢大楼前。她想起了曾有同事指给她看过那是上司的车，她想真是天无绝人之路。她向那车走去，在稍稍一犹豫后打开车门悄悄地坐了进去，并为自己的聪明而得意。

为上司开车的是一位慈祥温和的老司机。他从反光镜里已看她多时了。这时，他转过头来对她说："你不应该坐这车。"

"可是我的运气真好。"她如释重负地说。

这时，她的上司拿着公文包飞快地走来。待他在前面习惯的位置上坐定后，她才告诉她的上司说：班车开走了，想搭他的车子。她以为这一切合情合理，因此说话的语气充满了轻松随意。

上司愣了一下。但很快明白了一切后，他坚决地说："不行，你没有资格坐这车。"然后用无可辩驳的语气命令说："请你下去！"

她一下子愣住了——这不仅是因为从小到大还没有谁对她这样严厉过，还因为在这之前她没有想过坐这车是需要一种身份的。当时就凭这两条，以她过去的个性是定会重重地关上车门以显示她对小车的不屑一顾而后拂袖而去的。可是那一刻，她想起了迟到在公司的制度里将对她意味着什么，而且她那时非常看重这份工作。于是，一向聪明伶俐但缺乏生活经验的她变得从来没有过的软弱。她用近乎乞求的语气对上司说："我会迟到的。"

"迟到是你自己的事。"上司冷淡的语气没有一丝一毫的回

感悟
gǎnwù

这个故事读来使人受益匪浅，它充分说明了一个人要有责任感的重要性。守时的意识，负责的态度，是一个人成功的前提。

31

旋余地。

她把求助的目光投向司机。可是老司机看着前方一言不发。委屈的泪水终于在她的眼眶里打转。然后，她在绝望之余为他们的不近人情而固执地陷入了沉默的对抗。

他们在车上僵持了一会儿。最后，让她没有想到的是，他的上司打开车门走了出去。

坐在车后座的她，目瞪口呆地看着有些年迈的上司拿着公文包向前走去。他在凛冽的寒风中拦下了一辆出租车，飞驰而去。泪水终于顺着她的脸流淌下来。

老司机轻轻地叹了一口气："他就是这样一个严格的人。时间长了，你就会了解他的。他其实也是为你好。如果一个人连守时都做不到的话，他在事业上是不会有所成就的。"

老司机给她说了自己的故事。他说他也迟到过，那还是在公司创业阶段。"那天他一分钟也没有等我，也不要听我的解释。从那以后，我再也没有迟到过。"他说。

她默默地记下了老司机的话，悄悄地拭去泪水，下了车。那天她走出出租车，踏进公司大门的时候，上班的钟点正好敲响。她悄悄而有力地将自己的双手紧握在一起，心里第一次为自己充满了无法言语的感动，还有骄傲。

从这一天开始，她长大了许多。

第2章
成功定有方法，失败定有原因

　　人人知道勤奋对于成功的重要，但最后的成功靠的却不只是埋头书堆、心无旁骛，更不仅仅是"头悬梁，锥刺股""三更灯火五更鸡"。没有正确的方法作指导，成功可能只是自己设想的空中楼阁。每个人都该有一套适合自己的走向成功的方法，比如专注，比如统筹，比如勤于思考。

一次只做一件事

事情多的时候，有人可能会手忙脚乱，丢东忘西，有办法的人则总会把这些事情都做得井井有条，即使是再忙乱，他们也会沉着冷静地处理。

世界上，最紧张的地方可能是火车站的车站问讯处。每一天，那里都是人潮汹涌，数不清的来自四面八方的人们都要在这里作短暂的停留后又走向四面八方，这里是起点也是终点，来往匆匆的旅客都争着询问自己的问题，都希望能够立即得到答案，唯恐慢了一秒钟，自己所乘坐的火车就会开走，而那就意味着很多的计划都得有变动，这又是一件很麻烦的事情，所以他们显得非常焦急。当然，对于问讯处的服务人员来说，工作的紧张与压力可想而知。我曾经问过一个在问讯处工作的朋友，他说每天下班自己的头都大了，真的是不想再在这样的地方待下去了。

可在这个火车站，柜台后面的那位服务人员看起来一点也不紧张。他身材瘦小，戴着眼镜，一副文弱的样子，却显得那么轻松自如、镇定自若，看不出丝毫的慌乱。

在他面前的旅客，是一个矮胖的妇人，头上扎着一条丝巾，已被汗水湿透，她看起来充满了焦虑与不安。问讯处的先生倾斜着上半身，以便能倾听她的声音。"是的，您要问什么？"他把头抬高，集中精神，透过他的厚镜片看着这位妇人，"您要去哪里？"

这时，有位穿着入时，一手提着皮箱，头上戴着昂贵的帽子的男子，试图插话进来。但是，这位服务人员却旁若无人，只是继续和这位妇人说话："您要去哪里？""春田。"

"是俄亥俄州的春田吗？""不，是马塞诸塞州的春田。"

他根本不需要行车时刻表，就说："那班车是在10分钟之内，第15号月台出车。你不用跑，时间还多得很。"

"你是说15号月台吗?""是的，太太。"

女人转身离开，这位先生立即将注意力转移到下一位客人——戴着帽子的那位身上。但是，没多久，那位太太又回头来问一次月台号码。"你刚才说是15号月台?"这一次，这位服务人员集中精神在下一位旅客身上，不再管这位头上扎丝巾的太太了。

有人请教那位服务人员："能否告诉我，你是如何做到并保持冷静的呢?"

那个人这样回答："我并没有和公众打交道，我只是单纯处理一位旅客。忙完一位，才换下一位，在一整天之中，我一次只服务一位旅客。"

唐伯虎学画

明代著名的书画家唐伯虎自小就有绘画的天赋。当地的富豪经常把他请去作画。唐伯虎少年成名，当然有点沾沾自喜。但是，唐伯虎的母亲觉得这样浅尝辄止，稍有一点点成就就满足是不行的，必须专心致志，好好去学画。于是，母亲就让唐伯虎去跟沈周学画。

沈周在当时是位很有名的大画家，唐伯虎在那里才学了一两年，就觉得自己的绘画技艺已经很不错了，所以学画就不太专心。沈周看出了唐伯虎的想法，就把唐伯虎带到一间房子里。唐伯虎走进这间房子一看，这房子居然有四扇门。他从一扇门进去，另外三面也各有一扇门，而每一扇门外都是不同的风景：这一道门外姹紫嫣红，那一道门外莺歌燕舞，另一道门外流水潺潺。唐伯虎看得入了迷，想要到门外欣赏一下风景，却"咚"的一下撞了墙。他这才明白，原来这些风景全是沈周在墙上画的画。唐伯虎一下子明白了，原来画无止境，自己这

感悟
ganwu

学任何一样东西，必须专心致志，必须持之以恒，才会有所成就。

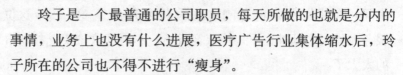

点水平差远了。从那往后，唐伯虎专心致志，潜心学画。

· 独辟蹊径 ·

玲子是一个最普通的公司职员，每天所做的也就是分内的事情，业务上也没有什么进展，医疗广告行业集体缩水后，玲子所在的公司也不得不进行"瘦身"。

这几天公司上层在研究裁员的事，公司上下人心浮动，观望着领导的决定，生怕自己饭碗不保，沦为失业人员，毕竟这年头工作不好找。幸好上面研究下来只裁掉一个人，这使很多人把心放到了肚子里，谁都认为自己没那么"幸运"，可以中这样的大奖，可是玲子却不敢有这样的侥幸心理，算来算去，她觉得自己被裁的可能性最大。因为她业绩不突出，有时甚至完不成定额，并且自己在公司里没有靠山，不像有些人可以高枕无忧。

几天之后，公司宣布了裁员的法则：一个月的期限，业绩量最后一名将被裁掉。因此无论有没有被裁的可能，同事们瞬间都变得无比勤奋起来，冷漠的硝烟提前弥漫开来，大家虽然见面笑脸依旧但仍掩饰不住裁员在人们之间造成的无形障壁，人们在暗中相互较劲，因为谁也不想成为那不幸的一个。

备战之时，玲子考虑了一下自己的处境，自己刚来公司不长时间，没有靠山，人脉网络尚不健全，和其他同事相比完全是处于劣势。短短一个月时间，如果想在广告业务量上拔得头筹无疑是相当艰巨的事，唯一的办法是扬长避短，在其他方面下工夫。

玲子平时经常接业务电话，时间久了便发现一个现象，公司的回头客很少，大部分都是新客户。凭借对业务的敏感，玲子想，里面肯定有一个环节出了错，如果自己能够在一个月内找出漏洞并想出办法去补救的话，那么不仅可以使公司赢得许多回头客，

重新获得发展机会，而且自己留下来也就不再是问题了。

　　和很多同事每天找机会接近老总汇报情况不同的是，玲子完全是一副低调模样，从不有事没事接近老总，总是每天往外面跑，不少人都以为玲子已经认命了，暗中庆幸自己这次是有惊无险，可以安然度过危险时期。

　　一个月还有3天的时候，有好事的人已经开始暗暗计算业绩排名，一算到后来，果然是玲子排在最后，大家在暗吁一口气后，所有人都替玲子惋惜，这也难怪，势单力薄，孤军奋战就难免落到了最后。

　　3天后，公司召开大会，领导拿出了一本装订整齐的册子，里面是玲子做的从公司建立4年以来的客户回访记录，玲子利用这一个月的时间，进行客户回访，耐心地听取客户的意见和建议，并把它们记录下来，通过玲子的耐心细致的回访，很多老客户都开始重新看好玲子所在的公司，表示如果有机会一定再次合作。老总在介绍完玲子做的工作后，语重心长地说："公司再大也需要一个细心的缝衣工，像小玲这样细心的女孩我们再多也不嫌。"最终，玲子凭借自己的细致保住了工作，让所有的人都刮目相看。

困境中不要羞于求助

　　人人都有陷入困境的时候，有人奉行万事不求人的处世哲学，有了困难总是自己一个人默默地去解决，从来不向别人求助。这种人，不愿意给别人添麻烦的思想是可贵的，但是，他解决问题的效率和问题解决的程度不一定就是最快和最好的。

　　我认识这么一个人。他不会任何乐器，不会唱歌，更不会作曲，然而，他却是一家国家级音乐刊物的总编辑，是全国有名的音乐评论家。当我问他是如何走上音乐评论这条道路的时候，他向我讲述了下面这个亲身经历的故事。

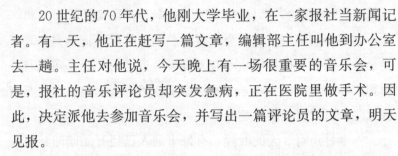

感悟
ganwu

在处于困境的时候，只要你把自己的困难坦诚地告诉别人，并诚心地向他人求助，被求助者一般都不会袖手旁观。有时候可能正是因为这一次求助，生命就会出现意想不到的转折。

20世纪的70年代，他刚大学毕业，在一家报社当新闻记者。有一天，他正在赶写一篇文章，编辑部主任叫他到办公室去一趟。主任对他说，今天晚上有一场很重要的音乐会，可是，报社的音乐评论员却突发急病，正在医院里做手术。因此，决定派他去参加音乐会，并写出一篇评论员的文章，明天见报。

他不是学音乐的，对此一窍不通，怎么能写出评论文章呢？想拒绝吧，没这个胆量；想接受吧，又怕不能胜任。主任见他不吱声，便问他是不是有什么困难。他说我恐怕完不成任务。没想到主任听后笑了笑说："没有过不去的火焰山，船到桥头自然直。你们这些大学生，头脑来得快，我相信你会克服困难，写出一篇蛮像样的评论员文章的。"然后，主任摆了摆手，容不得他再说什么，就把他打发了出去。

当天晚上，对音乐一窍不通的他愁眉苦脸地坐在剧场中，而剧场另一边，他清楚地看到了另一家日报的音乐评论员。那家伙跷着二郎腿，微闭着双眼，脑袋随着音乐的节奏微微晃动，一副胸有成竹的样子。明天，他们的报纸上肯定会出现他的文章。可是，自己的任务该怎么去完成呢？

音乐会快到结束的时候了，他的脑袋像计算机一样在快速地运转。突然，他想到了一个办法。

舞台上的大幕刚一拉上，他立即冲到后台，找到了一位著名的小提琴演奏家。他向她自报了家门，说明了自己面临的困难，坦诚地向她求助。他说："实际上，我是在请您帮我写这篇评论员文章。我想，您是会帮助我这名新手的。"

小提琴家望着他笑了，她喝了一口水，便滔滔不绝地讲了起来。

他一边听着她的讲解，一边快速地记着笔记。他心里在想："我的那位记者同行，不管他的文采有多么好，他的阅历有多么深，他对音乐的理解有多么透彻，他的观点有多么新鲜，他都不可能写出比我更好的文章。因为他在音乐上的造诣不可能超过我面前的这位音乐家。本来我和他之间的差距是巨大的，可是我站在了这位著名的音乐家肩膀上，借了她的力，用两个人的智慧，而其中一个人的音乐知识显然比他强得多。"

第二天，两篇评论文章同时见了报。圈内人士都惊呼发现了一名新的音乐评论新星。

这一炮打红后，报社领导就让他担任了专职的音乐记者。他运用他第一次成功的经验，再加上不断的学习和钻研，几年后，他逐渐成为被大家公认的音乐评论家，以至最后担任了这家全国性的音乐杂志的总编辑。

· 低姿态进入 ·

人们总是想一下子就发财，一下子就有钱，想着找一个好的工作，高的工资。干企业的也总是想着自己怎么把自己的企业一下子做大，所有人都在梦想着自己有一天会是多么的成功，于是大家拼了命地往南方挤，往大城市挤，前几年出现的"孔雀东南飞"的现象也是大家的这种心理影响的，大城市交通的堵塞也是这样造成的。太多的人只是想着发达的地方，大城市就会有更多的机会，其实，有时候，可能真的是我们的姿态太高了。

几年前，那时还没有开发大西北的政策，有一位商人，和朋友一起跑到大西北，准备投资建设一条生产石板材的生产线。

可到了那里一看，虽然有大好的石矿资源，但是市场并不好。因为大西北经济发展水平低，居民们的家庭装潢很少用价格昂贵的花岗岩。

商人在那里考察了一段时间，觉得这不是自己大干一场的地方，他放弃了自己最初的想法，回到东南沿海去了。

他的朋友却看中这里丰富的石矿资源，和当地人办起了轧

感 悟
ganwu

一个人要想成功，以高姿态来要求，在这个竞争激烈的社会中，你很少会抓到成功的机遇。但如果你换一种方式，以低姿态进入，你就会发现隐藏着的希望就像地底涌动的岩浆，无休无止。

石厂，这些石子只能用来给附近的农民造屋和铺路用。

商人劝告朋友，这不是赚钱之道，这是在浪费时间和金钱。如果在别的地方搞一个项目，只要适销对路，不出几年就可以收回投资，实现赢利。

朋友没有听从商人的劝告，努力办好他的轧石厂。

几年后，开发大西北的号角吹响了。他的轧石厂有了新机器，因为开发大西北必须加大基础设施建设，碎石成了抢手货。

商人闻知后，赶到西北，他和当地政府谈判，他想投资建设一家大型的轧石厂并洽谈建设板材生产线的计划。

但是，商人被告知，他的朋友已把合作意向书交到了政府有关部门，已经审批立项了。

现在，商人的朋友已是一家大型建材公司的总裁，资产逾亿元。没有人会想到一个轧石厂的老板在短短几年内会成为一家大企业的老总。

如果当年他不以低姿态在贫困的大西北待下来，而是转走他方，他就不可能有如今的成就。

劣势，优势

有一个10岁的小男孩，在一次车祸中失去了左臂，但是他很想学柔道。

最终小男孩拜一位日本柔道大师做师傅，开始学习柔道。他学得不错，可是练了三个月，师傅只教了他一招，小男孩有点弄不懂了。

他终于忍不住问老师："我是不是应该再学学其他招？"

师傅回答说："不错，你的确只会一招，但你只需要这一招就够了。"

小男孩并不是很明白，但他很相信师傅，于是就继续照着练了下去。

感悟 ganwu

其实有的时候，人的劣势未必就是劣势，有时候劣势反而可能成了优势。

几个月后，师傅第一次带小男孩去参加比赛。小男孩自己都没有想到居然轻轻松松地赢了前两轮。第三轮稍微有点艰难，但是对手还是很快变得有些急躁，连连进攻，小男孩敏捷地施展出自己的那一招，又赢了。就这样，小男孩迷迷瞪瞪地进入了决赛。

　　决赛的对手比小男孩高大、强壮许多，也似乎更有经验。小男孩显得有点招架不住，裁判担心小男孩会受伤，就叫了暂停，还打算就此终止比赛，然而师傅不答应，坚持说："继续下去。"

　　比赛重新开始后，对手放松了警惕，小男孩使出他的那一招制服了对手，由此赢得了比赛，得了冠军。

　　回家的路上，小男孩和师傅一起回顾每场比赛的每一个细节，小男孩鼓起勇气道出了心里的疑问："师傅，我怎么凭着一招就赢得了冠军？"

　　师傅答道："有两个原因：第一，你几乎掌握了柔道中最难的一招；第二，据我所知，对付这一招唯一的办法是对手抓住你的左臂。"

· 永远的一课 ·

　　面对困难，许多人戴了放大镜，但和困难拼搏一番，你会觉得，困难不过如此。

　　那天的风雪真大，外面像是有无数发疯的怪兽在呼啸厮打。雪恶狠狠地寻找袭击的对象，风呜咽着四处搜索。

　　大家都在喊冷，读书的心思似乎已被冻住了。一屋的跺脚声。

　　鼻头红红的欧阳老师挤进教室时，等待了许久的风席卷而入，墙壁上的《中学生守则》一鼓一顿，开玩笑似的卷向空中，又一个跟头栽了下来。

　　往日很温和的欧阳老师一反常态：满脸的严肃庄重甚至冷酷，一如室外的天气。

感悟
ganwu

正如生命中的许多伤痛一样，一切其实并不如自己想象的那么严重。如果不把它当回事，它是不会很痛的。藐视困难，恰恰是成功的最好方法。

乱哄哄的教室静了下来，我们惊异地望着欧阳老师。

"请同学们穿上胶鞋，我们到操场上去。"

几十双眼睛在问。

"因为我们要在操场上立正5分钟。"

即使欧阳老师下了"不上这堂课，永远别上我的课"的恐吓之词，还是有几个娇滴滴的女生和几个很横的男生没有出教室。

操场在学校的东北角，北边是空旷的菜园，再北是一口大塘。

那天，操场、菜园和水塘被雪连成了一个整体。

矮了许多的篮球架被雪团打得"啪啪"作响，卷地而起的雪粒雪团呛得人睁不开眼张不开口。脸上像有无数把细窄的刀在拉在划，厚实的衣服像铁块冰块，脚像是踩在带冰碴的水里。

我们挤在教室的屋檐下，不肯迈向操场半步。

欧阳老师没有说什么，面对我们站定，脱下羽绒衣，线衣脱到一半，风雪帮他完成了另一半。"到操场上去，站好!"欧阳老师脸色苍白，一字一顿地对我们说。

谁也没有吭声，我们老老实实地到操场排好了三列纵队。

瘦削的欧阳老师只穿一件白衬衫，衬衫紧裹着的他更显单薄。

后来，我们规规矩矩地在操场上站了5分多钟。

在教室时，同学们都以为自己敌不过那场风雪，事实上，叫他们站半个小时，他们顶得住，叫他们只穿一件衬衫，他们也顶得住。

一美元与八颗牙

1962年7月，在美国西北部一个叫本顿维尔的小镇上，一家名为沃尔玛的普通商店开业了，店主是44岁的退伍男子沃尔顿。30多年后，沃尔玛已成为全球最大的商业连锁集团。在2000年《财富》500强排名中，沃尔玛以1 668亿美元的营业额名列第二。沃尔玛创下了一个商业奇迹。

最开始认识沃尔玛，还是十几年前在国外生活时。那时中国还没有超市。当我第一次走入沃尔玛连锁店时，先是被它巨大的面积所震惊，继而为它的便宜价格所打动。同样一件商品，沃尔玛的售价至少会比其他店便宜5％，但是给我印象最深的还是每一个售货员的微笑，那样亲切自然。此后，每次去美国，我都会选择去沃尔玛店购物，享受一个消费者内心的满足。

后来我才知道，沃尔玛经营宗旨之一便是"天天平价"。老板沃尔顿常常告诫员工："我们珍视每一美元的价值，我们的存在是为顾客提供价值，这意味着除了提供优质服务外，我们还必须为他们省钱。每当我们为顾客节约了一美元时，那就使自己在竞争中占先了一步。"

为了不愚蠢地浪费一美元，沃尔顿亲身垂范。他从不讲排场，外出巡视时总是驾驶着最老式的客货两用车。需要在外面住旅馆时，他总是与其他经理人员住得一样，从不要求住豪华套间。

为了赢得这一美元的价值，沃尔玛实行了全球采购战略，"低价买入，大量进货，廉价卖出"。沃尔玛中国采购总监每到一地，都要察看各家商店，认真比较价格，选择合适的商品。他对我说，中国商品的质量近年来有大幅提高，沃尔玛在中国的采购额也在逐年增加。

价格与服务是沃尔玛赢得竞争的两个轮子。已在中国工作了5年的采购总监说："你知道我们有一个微笑培训吗？必须露出8颗牙齿才算合格。你试一试，只有把嘴张到露出8颗牙齿的程度，一个人的微笑才能表现得最完美。"我不禁回想起初识沃尔玛时的印象，原来售货员那一颦一笑都有着如此严格的规定。

做生意自然要追求利润的最大化，而实现最大化的目标则要从最小化的具体行动开始。节约一美元与微笑露出8颗牙，抓好每一件这样的小事，企业方能砌就通向成功的阶梯。

·成功的应聘者·

我曾看过这样一个故事，觉得对现在的企业和个人都具有借鉴意义：

某著名大公司招聘职业经理人，应者云集，其中不乏高学历、多证书、有相关工作经验的人。经过初试、笔试等四轮淘汰后，只剩下6个应聘者，但公司最终只选择一人作为经理。所以，第五轮将由老板亲自面试。看来，接下来的角逐将会更加激烈。

可是当面试开始时，主考官却发现考场上多出了一个人，出现7个考生，于是就问道："有不是来参加面试的人吗？"这时，坐在最后面的一个男子站起身说："先生，我第一轮就被淘汰了，但我想参加一下面试。"

人们听到他这么讲，都笑了，就连站在门口为人们倒水的那个老头子也忍俊不禁。主考官也不以为然地问："你连考试第一关都过不了，又有什么必要来参加这次面试呢？"这位男子说："因为我掌握了别人没有的财富，我自己本人即是一大财富。"大家又一次哈哈大笑了，都认为这个人不是头脑有毛病，就是狂妄自大。

这个男子说："我虽然只是本科毕业，只有中级职称，可是我却有着10年的工作经验，曾在12家公司任过职……"这时主考官马上插话说："虽然你的学历和职称都不高，但是工作10年倒是很不错，不过你却先后跳槽12家公司，这可不是一种令人欣赏的行为。"

男子说："先生，我没有跳槽，而是那12家公司先后倒闭了。"在场的人第三次笑了。一个考生说："你真是一个地地道道的失败者！"男子也笑了："不，这不是我的失败，而是那些公司的失败。这些失败积累成我自己的财富。"

这时，站在门口的老头子走上前，给主考官倒茶。男子继续说："我很了解那 12 家公司，我曾与同事努力挽救它们，虽然不成功，但我知道错误与失败的每一个细节，并从中学到了许多东西，这是其他人所学不到的。很多人只是追求成功，而我，更有经验避免错误与失败！"

男子停顿了一会儿，接着说："我深知，成功的经验大抵相似，容易模仿；而失败的原因各有不同。用 10 年学习成功经验，不如用同样的时间经历错误与失败，所学的东西更多，更深刻；别人的成功经历很难成为我们的财富，但别人的失败过程却是！"

男子离开座位，做出转身出门的样子，又忽然回过头："这 10 年经历的 12 家公司，培养、锻炼了我对人、对事、对未来的敏锐洞察力，举个小例子吧——真正的考官，不是您，而是这位倒茶的老人……"

在场所有人都感到惊愕，目光转而注视着倒茶的老头。那老头诧异之际，很快恢复了镇静，随后笑了："很好！你被录取了，因为我想知道——你是如何知道这一切的？"

老头的言语表明他确实是这家大公司的老板。这次轮到这位考生笑了。

聪明的使臣

从前，一个王国有着一项很特别的习俗，任何人在国王的宴席上都不可以翻动菜肴，而只能吃上面的那部分。

一个外国的使臣来到这个国家，国王非常高兴地设宴招待这个使臣。宴会开始了，侍者端上来一条盖着香料的鱼。这个使者不知道习俗，就把鱼翻了过来。

大臣们看见了，齐声高喊道："陛下，您遭到了侮辱！在您以前从来没有一个国王遭到这样的侮辱，您必须立即处死他！"

感悟
ganwu

智慧永远都是这个世界上无价的东西，运用自己的智慧，生活就会有柳暗花明的转机。

国王叹了口气，对使臣说："你听见了吗？如果我不处死你，我就会受到臣民的嘲笑。不过，看在贵国和我国的友好关系上，你在临死前可以向我请求一件事，我一定应允。"

使臣想了想说："既然是这样，我也没有办法。我就向您提一个微小的乞求吧。"

国王说："好，除了给你生命，什么要求，我都能满足。"

于是使臣说："我希望在我死之前，让每一个看见我翻转那条鱼的人都被挖去双眼。"

国王大吃一惊，连忙发誓说自己什么也没看见，只不过是听信了别人的话。

接着在一旁的王后也为自己开脱："我可是什么也没看见啊！"

大臣们面面相觑，然后一个个站起来，指天画地发誓说自己也是什么都没看见，因此不应该被挖去眼睛。

最后，使臣面带微笑地站了起来："既然没人看见我翻动那条鱼，就让我们继续吃饭吧！"

使臣凭借自己的智慧保住了性命。

一碗白饭

20年前某日黄昏，有一名看似大学生的男孩徘徊在台北街头的一家自助餐店前，等到吃饭的客人大致都离开了，他才面带羞赧地走进店里。

"请给我一碗白饭，谢谢！"男孩低着头说。

店内刚创业的年轻老板夫妻，见他没有选菜，一阵纳闷，却也没有多问，立刻就盛了满满一碗的白饭递给他。男孩付钱的同时，不好意思地说了一句："我可以在饭上淋点菜汤吗？"

老板娘笑着回答："没关系，你尽管用，不要钱！"

男孩吃饭吃到一半，想到淋菜汤不要钱，于是又多叫了一碗。

"一碗不够是吗？我这次再给你盛多一点！"老板很热情地响应。

"不是的，我要拿回去装在便当盒里，明天带到学校当午餐！"

老板听了，心里猜想，男孩可能来自南部乡下经济环境不是很好的家庭，为了不肯放弃读书的机会，独自一人北上求学，甚至可能半工半读，处境的困难可想而知，于是，悄悄在餐盒的底部先放入一大匙店里的招牌肉燥，还加了一个卤蛋，最后才将白饭满满覆盖上去，乍看之下，以为就只是白饭而已。

老板娘见状，明白老板想帮助那名男孩，但却搞不懂，为什么不将肉燥大大方方地加在饭上，却要藏在饭底？老板贴着老板娘的耳说：

"男孩若是一眼就见到白饭加料，说不定会认为我们是在施舍他，这不等于直接伤害了他的自尊吗？这样，他下次一定不好意思再来。如果转到别家一直只是吃白饭，怎么有体力读书呢？"

"你真是好人，帮了人还替对方保留面子！"

"我不好，你会愿意嫁给我吗？"

年轻的老板夫妻，沉浸在助人的快乐里。

"谢谢，我吃饱了，再见！"男孩起身离开。

当男孩拿到沉甸甸的餐盒时，不禁回头望了老板夫妻一眼。

"要加油喔！明天见！"老板向男孩挥手致意，话语中透露着，请男孩明天再来店里用餐。

男孩眼中泛起泪光，却也没有让老板夫妻看见。从此，男孩除了连续假日以外，几乎每天黄昏都会来，同样在店里吃一

感 悟
ganwu

很多时候，助人就是助己，对社会怀抱一颗感恩的心，就是给自己的未来多铺设了一条道路，世上的事情就是如此，你在哪儿撒播下爱的种子，就会在哪儿收获爱的果实。

碗白饭，再外带一碗走，当然，带走的那一碗白饭底下，每天都藏着不一样的秘密。直到男孩毕业，往后的20年里，这家自助餐店就再也不曾出现过男孩的身影了。

某一天，将近50岁的自助餐店老板夫妻，接到市政府强制拆除违章建筑店面的通告，面临中年失业，平日储蓄又都给了儿子在国外攻读学位，想到生活无依，经济陷入困境，不禁在店里抱头痛哭了起来。就在这个时候，一位身穿名牌西装，像是大公司经理级的人物突然来访。

"你们好，我是某企业的副总经理，我们总经理命我前来，希望能请你们在我们即将要启用的办公大楼里开自助餐厅，一切的设备与食材均由公司出资准备，你们仅需带领厨师负责菜肴的烹煮，至于赢利的部分，你们和公司各占一半！"

"你们公司的总经理是谁？为什么要对我们这么好？我们不记得认识这么高贵的人物！"老板夫妻一脸疑惑。

"你们夫妻是我们总经理的大恩人兼好朋友，总经理尤其喜欢吃你们店里的卤蛋和肉燥，我就只知道这么多。其他的，等你们见了面再谈吧！"

终于，那每次用餐只叫一碗白饭的男孩，再度现身了。经过20年艰辛的创业，男孩成功地建立了自己的事业王国，眼前这一切，全都得感谢自助餐老板夫妻的鼓励与暗助，否则，他当初根本无法顺利完成学业。话过往事，老板夫妻打算告辞，总经理起身对他们深深一鞠躬并恭敬地说："加油喔！公司以后还需要你们帮忙，明天见！"

保持生命的低姿态

在秦始皇陵兵马俑博物馆，我看到了那尊被称为"镇馆之宝"的跪射俑。导游介绍说，跪射俑被称为兵马俑中的精华，中国古代雕塑艺术的杰作。陕西省就是以跪射俑作为标志的。

我仔细观察这尊跪射俑：它身穿交领右衽齐膝长衣，外披黑色铠甲，胫着护腿，足穿方口齐头翘尖履。头绾圆形发髻。左腿蹲曲，右膝跪地，右足竖起，足尖抵地。上身微左侧，双目炯炯，凝视左前方。两手在身体右侧一上一下作持弓弩状。据介绍：跪射的姿态古称之为坐姿。坐姿和立姿是弓弩射击的两种基本动作。坐姿射击时重心稳，用力省，便于瞄准，同时目标小，是防守或设伏时比较理想的一种射击姿势。秦兵马俑坑至今已经出土清理各种陶俑 1 000 多尊，除跪射俑外，皆有不同程度的损坏，需要人工修复。而这尊跪射俑是保存最完整的，是唯一一尊未经人工修复的。仔细观察，就连衣纹、发丝都还清晰可见。

跪射俑何以能保存得如此完整？导游说，这得益于它的低姿态。首先，跪射俑身高只有 1.2 米，而普通立姿兵马俑的身高都在 1.8 米至 1.97 米之间。天塌下来有高个子顶着，兵马俑坑都是地下坑道式土木结构建筑，当棚顶塌陷、土木俱下时，高大的立姿俑首当其冲，低姿的跪射俑受损害就小一些。其次，跪射俑作蹲跪姿，右膝、右足、左足三个支点呈等腰三角形支撑着上体，重心在下，增强了稳定性，与两足站立的立姿俑相比，不容易倾倒、破碎。因此，在经历了两千多年的岁月风霜后，它依然能完整地呈现在我们面前。

由跪射俑想到处世之道。初涉世的人，往往个性张扬，率

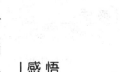

感悟
gǎnwù

老子说，当坚硬的牙齿脱落时，柔软的舌头还在。柔软胜过刚强，无为胜过有为。学会在适当的时候，保持适当的低姿态，绝不是懦弱和畏缩，而是一种聪明的处世之道，是人生的大智慧、大境界。

意而为，不会委曲求全，结果可能是处处碰壁。而涉世渐深后，就知道了轻重，分清了主次，学会了内敛，少出风头，不争闲气，专心做事。像跪射俑一样，保持生命的低姿态，避开无谓的纷争，避开意外的伤害，更好地保全自己，发展自己，成就自己。

鹅卵石的故事

感悟
ganwu

对于工作中林林总总的事件可以按重要性和紧急性的不同组合确定处理的先后顺序。做到鹅卵石、碎石子、沙子、水都能放到罐子里去。

在一次上时间管理的课上，教授在桌子上放了一个装水的罐子，然后又从桌子下面拿出一些正好可以从罐口放进罐子里的鹅卵石。当教授把石块放完后问他的学生道："你们说这罐子是不是满的？""是。"所有的学生异口同声地回答说。"真的吗？"教授笑着问。然后再从桌底下拿出一袋碎石子，把碎石子从罐口倒下去，摇一摇，再加一些，再问学生："你们说，这罐子现在是不是满的？"这回他的学生不敢回答得太快。最后，班上有位学生怯生生地细声回答道："也许没满。""很好！"教授说完后，又从桌下拿出一袋沙子，慢慢地倒进罐子里。倒完后，于是再问班上的学生："现在你们再告诉我，这个罐子是满的呢，还是没满？""没有满。"全班同学这下学乖了，大家很有信心地回答说。"好极了！"教授再一次称赞。之后，教授从桌底下拿出一大瓶水，把水倒在看起来已经被鹅卵石、小碎石、沙子填满了的罐子里。当这些事都做完之后，教授正色问他班上的学生："我们从上面这些事情得到什么启示呢？"班上一阵沉默，然后一位学生回答说："无论我们的工作多忙，行程排得多满，如果要挤一下的话，还是可以多做些事的。"这位学生回答完后心中很得意地想："这门课到底讲的是时间管理啊！"教授听到这样的回答后，点了点头，微笑道："答案不错，但并不是我要告诉你们的重要信息。"说到这里，这位教授故意顿住，用眼睛向全班同学扫了一遍说："我想告诉各位最重要的信息是，如果你不先将大的'鹅卵石'放进罐子里去，你以后也许永远没机会把它们再放进去了。"

"网络传奇"扎克伯格

Facebook创始人马克·扎克伯格成长于美国纽约州一个医生家庭。他的电脑天分很早就显露无疑，他对各种代码了如指掌，甚至请来做家教的编程高手都惊呼这是个神童。

扎克伯格最着迷的软件类型就是兴趣分享和人际沟通。早在中学时期，他就为学校设计了一款音乐播放器，引起了业内关注。扎克伯格高中毕业时，慧眼识珠的微软甚至就送上了年薪95万美元的工作合同，打算预定这个未来的电脑天才。但重金诱惑并不能打动志向高远的扎克伯格，他遵从自己的内心，选择去哈佛大学就读心理学。当然，电脑编程仍是扎克伯格最大的爱好。

大二的时候，扎克伯格创建了一个叫Facemash的网站，把哈佛的学生名录和照片搬上页面，让学生尽情点评对比女生的身材外貌。但让他出乎意料的是，这个看似低俗的网站却引发了哈佛大学学生的热烈反应，访问量过大甚至导致学校服务器瘫痪。虽然因为这个网站，扎克伯格被迫向学校和部分同学道歉，但他却从中看到了网络社交的巨大前景。他因此想到，如果创建一个身份可信的交友网站，让人与人可以互相分享和

| 感 悟 |
ganwu

成功源于自信和专注。欲成就伟业，必须有高度的自信和执着的精神，这种自信是对自身能力和素养的准确认识和定位；同样，成功更需要持之以恒的专注精神，越是具有挑战性，越需要强有力的专注劲头去完成。

沟通，那会是互联网历史的一个新时代。

2004年2月24日，Facebook诞生于扎克伯格的哈佛大学宿舍。但或许扎克伯格自己都不敢相信数年之后，这个网站会成为全球互联网最大的传奇。而Facebook的名字实际上来自于他高中毕业时编写的一个基于照片的同学录网站。

网站创办伊始，扎克伯格只接受哈佛大学邮箱的用户注册，随后逐步放宽到其他大学的邮箱用户。他希望以此保证网站的所有用户都是真实可靠的学生，而这个苛刻要求也成为了Facebook未来大红大紫的关键所在。

Facebook迎合了互联网时代人们互相沟通和分享爱好的需求，因此很快就获得了巨大成功。当年年底，网站注册用户就达到了100万。到2006年，美国几乎所有大学都加入了Facebook的网络版图，这时候扎克伯格才决定向社会所有人士开放实名注册。

虽然取得了巨大成功，但扎克伯格并没有冲昏头脑。他认为，Facebook应该始终以分享和联系人与人的关系为主旨，不该急于盈利，让广告影响用户体验。2007年，Facebook宣布开放网站平台，允许第三方软件开发者基于网站开发各种功能的应用程序。这个极具远见的决定让Facebook集聚各种功能，增强了用户黏性，吸引更多用户加入，而这反过来也给软件开发者带来了实利。2010年7月，Facebook的用户已经达到5亿人，涉及全球绝大多数国家。当年年底，美国《时代周刊》将扎克伯格评为当年的"年度人物"，年仅26岁的扎克伯格享受了苹果公司前首席执行官乔布斯都不曾获得的巨大荣耀。

如今的Facebook拥有8.5亿用户，是世界第三大"国家"。扎克伯格早已身价百亿，成为全球最为年轻的富豪。

奖 金

多年前成立之时就骏业宏发、蒸蒸日上的公司，今年的盈余竟大幅滑落。这绝不能怪员工，因为大家为公司拼命的情况，丝毫不比往年差，甚至可以说，由于人人意识到经济的不景气，干得比以前更卖力。

这也就越发加重了董事长心头的负担，因为马上要过年，照旧例，年终奖金最少加发两个月，多的时候，甚至再加倍。今年可惨了，算来算去，顶多只能给一个月的奖金。

"让多年来被惯坏了的员工知道，士气真不知要怎样滑落！"董事长忧心地对总经理说，"许多员工都以为最少加两个月，恐怕飞机票、新家具都定好了，只等拿奖金就出去度假或付账单呢！"

总经理也愁眉苦脸了："好像给孩子糖吃，每次都抓一大把，现在突然改成两颗，小孩一定会吵。"

"对了！"董事长突然触动灵机，"你倒使我想起小时候到店里买糖，总喜欢找同一个店员，因为别的店员都先抓一大把，拿去称，再一颗一颗往回扣。那个比较可爱的店员，则每次都抓不足重量，然后一颗一颗往上加。说实在话最后拿到的糖没什么差异。但我就是喜欢后者。"

没过两天，公司突然传来小道消息——

"由于业绩不佳，年底要裁员。"

顿时人心惶惶了。每个人都在猜会不会是自己。最基层的员工想："一定由下面杀起。"上面的主管则想："我的薪水最高，只怕从我开刀！"

但是，跟着总经理就作了宣布："公司虽然艰苦，但大家同一条船，再怎么危险，也不愿牺牲共患难的同事，只是年终奖金，绝不可能发了。"

感 悟
gɑnwu

稍微动一下脑子，所谓的困难就迎刃而解了，智慧的力量是无穷的，遇到事情，动一下自己的脑筋再说。

听说不裁员，人人都放下心头上的一块大石头，那不用卷铺盖的窃喜，早压过了没有年终奖金的失落。

眼看除夕将至，人人都做了过个穷年的打算，彼此约好拜年不送礼，以共渡难关。突然，董事长召集各单位主管紧急会议。看主管们匆匆上楼，员工们面面相觑，心里都有点儿七上八下："难道又变了卦？"是变了卦！

没几分钟，主管们纷纷冲进自己的单位，兴奋地高喊着："有了！有了！还是有年终奖金，整整一个月，马上发下来，让大家过个好年！"

整个公司大楼，爆发出一片欢呼，连坐在顶楼的董事长，都感觉到了地板的震动……

妥协也是成功的要素

海托在创立自己的公司后，对公司员工的要求非常严格，每次大的决策势必亲自参加。但是他并不是一个只看中自己，完全不听取其他人意见的人。

在一次决策会上，海托对一位部门经理说："我个人要作很多决定，并要批准他人的很多决定，实际上只有40%的决策是我真正认同的，余下的60%是我有所保留的，或我觉得过得去的。"经理觉得很惊讶，假使海托不同意的事，大可一口否决就行了，完全没有必要征求旁人的意见。

海托接着说："我不可以对任何事都说'不'，对于那些我认为算是过得去的计划，大可在实行过程中指导它们，使它们重新回到我所预期的轨道上来。我想一个领导人有时应该接受他不喜欢的事，因为任何人都不喜欢被否定。我们公司是一个团队，并不仅仅是我一个人的公司，这需要大家的群策群力，妥协有时候能使人际关系融洽，使公司更加强大。"一番话让这个经理动容不已。

感悟 gǎnwù

现实生活中我们常常强调自己的强势，而忘了有时妥协也是成功最重要的因素之一。正应了中国的那句古话，"退一步海阔天空"，妥协的姿态有时会为我们赢得意想不到的结果。

袋鼠与笼子

一天，动物园管理员发现袋鼠从笼子里跑出来了，于是开会讨论，一致认为是笼子的高度过低。所以他们决定将笼子的高度由原来的 10 米加高到 20 米。结果第二天，他们发现袋鼠还是跑到外面来，所以他们又决定再将高度加高到 30 米。

没想到隔天居然又看到袋鼠全跑到外面，于是管理员们大为紧张，决定一不做二不休，将笼子的高度加高到 100 米。

一天，长颈鹿和几只袋鼠们在闲聊。"你们看，这些人会不会再继续加高你们的笼子?"长颈鹿问。"很难说。"袋鼠说，"如果他们再继续忘记关门的话!"

曲突徙薪

有位客人到某人家里做客，看见主人家的灶上烟囱是直的，旁边又有很多木材。客人告诉主人说，烟囱要改曲，木材须移去，否则将来可能会有火灾，主人听了没有作任何表示。

不久主人家里果然失火，四周的邻居赶紧跑来救火，最后火被扑灭了，于是主人烹羊宰牛，宴请四邻，以酬谢他们救火的功劳，但并没有请当初建议他将木材移走，将烟囱改曲的人。

有人对主人说："如果当初听了那位先生的话，今天也不用准备筵席，而且没有火灾的损失。现在论功行赏，原先给你建议的人没有被感恩，而救火的人却是座上客，真是很奇怪的事呢!"主人顿时省悟，赶紧去邀请当初给予建议的那个客人来吃酒。

烛光的力量

　　紧闭的心灵，即使用尽心机，竭力奔波，找来再多的烦琐东西，也无法将它装满。在21世纪的今天，人们忙着用物质生活来令自己生活满足，却不知，过度地追求物欲正是造成自己挫折的主要原因。能填满自己寂寞心灵的其实只有自己。

　　从前，有一位深具智慧的父亲，他有三个儿子。三个儿子都觉得自己很聪明。因此，为了要考验三个儿子的聪明才智，这位父亲苦心设计，最终想出了一道考题。

　　一天，父亲把三个儿子叫到跟前，对他们说："我知道你们都很聪明，今天我想考一考你们的智慧，看看到底谁最聪明。"父亲的题目是什么呢？

　　原来父亲交给三个儿子每人100块钱，要他们用这100块钱，去买他们所能想到的任何东西，再将买回来的东西，设法装满一个占地超过100坪的巨大仓库。

　　天啊，这可不是一道容易的题目。那么三个儿子究竟是如何做的呢？让我们接着看下面的故事。

　　大儿子不停地思考究竟什么样的东西，可以占满整个仓库，并且在100元之内能买到。想了很久，他也想不出如何能用这么少的钱买来能够装满仓库的东西。他最后决定将那100块钱全部去买最便宜的稻草。他认为稻草最占空间了。结果，稻草运回来之后，连仓库的一半都装不满。父亲看了之后摇摇头说："这样是不行的啊。"大儿子十分沮丧。

　　二儿子稍微聪明一些，他将那100块钱买了卫生纸，再把卫生纸的包装拆开来，将一张张的卫生纸揉得松松散散的，希望能够装满仓库。但即使他再怎么努力揉散那些卫生纸，仍装不满巨大仓库的三分之二。父亲对他说："你这样做和你大哥一样，也是行不通的。"二儿子听了，也十分不高兴。

　　小儿子看着两个哥哥的举动。等他们都试过失败之后，小儿子轻松地走进仓库，将所有的窗户牢牢关上，请父亲和哥哥们也走进仓库中去。小儿子把仓库的大门关好，整个仓库霎时变得伸手不见五指。大儿子这时说道："老三，你要干什么啊？什么都看不见了啊。"小儿子轻轻笑了一声，没有说话。同时，他从口袋中拿出他花了一块钱买来的火柴，点燃也是用一块钱买来的小蜡烛。

顿时，漆黑的仓库中充满了蜡烛所发出的光芒，虽然微弱，却充满了整个仓库。那烛光闪闪烁烁，温暖着儿子和父亲的心。

父亲看到这里，十分激动。他紧紧地拥住小儿子，喃喃地说："你真是我聪明的好孩子啊！"

大儿子和二儿子看到这里，十分服气，自叹不如。父亲语重心长地对他们说道："你们想用各种东西填充空间，但是那些实在的物质，那些用100块钱买来的东西是无论如何也填不满那巨大的空间的。烛光的力量虽然很弱小，即使一阵风也能把它给熄灭掉，但是它却能给人带来光明与希望。不要让自己失去希望，要让自己心中永远闪烁着希望的烛光。"

三个儿子听完父亲的话，也明白了父亲的良苦用心，都感激地流下了眼泪。

这次好了

从前在一座山中有一座古庙，有一个小和尚被派到山下去买食用油。在离开前，庙里的厨师交给他一个大碗，并严厉地警告："你一定要小心，我们最近财务状况不是很理想，你绝对不可以把油洒出来。否则你就会受到惩罚。"

小和尚答应后就下山来到城里，到厨师指定的店里买了一碗油。在上山回庙的路上，他想到厨师凶恶的表情及严重的告诫，愈想愈觉得紧张。小和尚小心翼翼地端着装满油的大碗，一步一步地走在山路上，丝毫不敢左顾右盼，以免一不小心将油洒了出来，回去受到责罚。

俗话说得好，怕什么来什么，就在小和尚快到庙门口时，由于没有向前看路，结果一脚踩到了一个洞里。虽然没有摔跤把碗打破，可是洒掉了三分之一的油。小和尚非常懊恼，想到回去会受责罚一时紧张到手都开始发抖，无法把碗端稳。结果

感悟
ganwu

一位真正懂得从生活经验中找到人生乐趣的人，才不会觉得自己的日子充满压力及忧虑。

回到庙里时，碗中的油就只剩一半了。

厨师拿到装油的碗时，当然非常生气，他指着小和尚大骂："你这个笨蛋！我不是告诉你要小心吗？为什么还是浪费这么多油，真是气死我了！"

小和尚听了很难过，掉下了眼泪。另外一位老和尚听到了，就跑来问是怎么一回事。了解以后，他就去安抚厨师的情绪，并私下对小和尚说："我再派你去买一次油。这次我要你在回来的途中，多观察你看到的人、事、物，并且需要跟我作一个报告。"

小和尚想要推卸这个任务，强调自己油都端不好，根本不可能既要端油，还要看风景、作报告。不过在老和尚的坚持下，他只有勉强上路了。

在回来的途中，小和尚发现其实山路上的风景真是美。远方看得到雄伟的山峰，又有农夫在梯田上耕种。走不久，又看到一群小孩子在路边的空地上玩得很开心，而且还有两位老先生在下棋。在这样边走边看风景的情形下，他不知不觉就回到了庙里。当小和尚把油交给厨师时，发现碗里的油装得满满的，一点都没有损失。

其实，我们想比较快乐地过日子，也可以采纳老和尚的建议。与其天天在乎自己的成绩和物质利益，不如每天努力在上学、工作，或生活中享受每一次经验的过程，并从中学习成长。

2.7 千克黄金

两个墨西哥人沿密西西比河淘金，到了一个河汊分了手，因为一个人认为阿肯色河可以掏到更多的金子，一个人认为去俄亥俄河发财的机会更大。

10年后，入俄亥俄河的人果然发了财，在那儿他不仅找到了大量的金沙，而且建了码头，修了公路，还使他落脚的地方成了一个大集镇。现在俄亥俄河岸边的匹兹堡市商业繁荣，工业发达，无不起因于他的拓荒和早期开发。

进入阿肯色河的人似乎没有那么幸运，自分手后就没了音讯。有的说已经葬身鱼腹，有的说已经回了墨西哥。直到50年后，一个重2.7千克的自然金块在匹兹堡引起轰动，人们才知道他的一些情况。当时，匹兹堡《新闻周刊》的一位记者曾对这块金子进行跟踪，他写道："这颗全美最大的金块来源于阿肯色，是一位年轻人在他屋后的鱼塘里捡到的，从他祖父留下的日记看，这块金子是他的祖父扔进去的。"

随后，《新闻周刊》刊登了那位祖父的日记。其中一篇是这样的："昨天，我在溪水里又发现了一块金子，比去年淘到的那块更大，进城卖掉它吗？那就会有成百上千的人涌向这儿，我和妻子亲手用一根根圆木搭建的棚屋，挥洒汗水开垦的菜园和屋后的池塘，还有傍晚的火堆，忠诚的猎狗，美味的炖肉山雀，树木，天空，草原，大自然赠给我们的珍贵的静逸和自由都将不复存在。我宁愿看到它被扔进鱼塘时荡起的水花，也不愿眼睁睁地望着这一切从我眼前消失。"

18世纪60年代正是美国开始创造百万富翁的年代，每个人都在疯狂地追求金钱。可是，这位淘金者却把淘到的金子扔掉了，有很多人认为这是天方夜谭，直到现在还有人怀疑它的真实性。可是我始终认为它是真的。因为在我的心目中，这位淘金者是一位真正淘到金子的人。

对真正的金子的含义的理解，各人有不同观点，实现的途径也不同，我们无法强求统一，只希望每个人都能找到合适的方式找到自己心中的真金。

犹太人的智慧

美国，华尔街，某大银行。

一位提着豪华公文包、着装讲究的犹太老人走进大厅，来到贷款部前，大模大样地坐了下来。

"请问先生，您有什么事情需要我们效劳吗？"贷款部经理一边小心地询问，一边打量着来人的穿着：名贵的西服，高档的皮鞋，昂贵的手表，还有镶着宝石的领带夹子……

感悟
ganwu

我们不得不佩服犹太老人的聪明智慧，虽然其中有几分投机取巧，但是我们从中可以明白一个道理，条条大路通罗马，但不是每一条都是捷径，只要你用心就会发现，定会有一条捷径渡你到达胜利的彼岸。

"我想借点钱。"老人回答。

"完全可以，您想借多少呢？"贷款部经理殷勤地询问道。

"1美元。"

"只借1美元？"贷款部的经理惊愕了。

"我只需要1美元。可以吗？"

"当然，没问题，只要有担保，借多少我们都可以照办。"

"好吧。"犹太人从豪华公文包里取出一大堆股票、国债、债券等放在桌上，"这些作担保可以吗？"

贷款部经理清点了一下，"先生，总共50万美元，做担保足够了，不过先生，您真的只借1美元吗？"

"是的。"犹太老人面无表情地说。

"好吧，到那边办手续吧，年息为6%，只要您付6%的利息，一年后归还，我们就把这些作保的股票和证券还给您……"

"谢谢……"犹太富豪办完手续，准备离去。

一直在一边冷眼旁观的银行行长怎么也弄不明白，一个拥有50万美元的富豪，怎么会跑到银行来借1美元呢？

他从后面追了上去，有些窘迫地说："对不起，先生，可以问您一个问题吗？"

"你想问什么？"

"我是这家银行的行长，我实在弄不懂，您拥有50万美元的家当，为什么只借1美元呢？要是您想借40万美元的话，我们也会很乐意为您服务的……"

"好吧，既然你如此热情，我不妨把实情告诉你。我到这儿来，是想办一件事情，可是随身携带的这些票券很碍事，我问过几家金库，要租他们的保险箱，租金都很昂贵，我知道银行的保安很好，所以嘛，就将这些东西以担保的形式寄存在贵行了，由你们替我保管，我还有什么不放心呢！况且利息很便宜，存一年才不过6美分……"

第 3 章

志当存高远

一个人没有明确的目标，就像船没有罗盘一样。

坚定的目标是成功的首要原则，明确地了解自己想要什么，才能真正地致力于追求。目标是构筑成功的砖石，目标使我们产生积极性，没有目标的人，根本就无成果可言。

有志者，事竟成。靠自己的才能，把全部的精力集中到一个目标上才会有所成就。那些三心二意，为眼前一些小小成就而自鸣得意的人，往往会迷失方向和目标，最后招致失败。

再远的路，慢慢走下去，也能到达目的地。一心向着自己目标前进的人，整个世界都会给他让步。

·蝴蝶与大陆·

18世纪末，澳大利亚这块"新大陆"被发现。消息很快被探险家们带回欧洲，各海上强国都蓄势待发想将这块"肥肉"占为己有以扩张自己的势力，其中以英国、法国竞争尤为激烈。经过充分的准备，1802年，英国和法国各派出一支船队向"新大陆"进发，都想以最快的速度占领这块宝地。英国方面由弗林斯达船长带队，法国方面则由阿梅兰船长领军，两位船长都是长期叱咤海上、经验异常丰富的航海家。双方都知道对方也派出了占领船队，因此都不甘示弱，日夜全速前进以期领先对方，拼抢非常激烈。

当时法国方面的船只技术较为先进。经过了数月的海上航行，历尽了惊涛骇浪，克服了种种困难，阿梅兰船长率领的三桅快船捷足先登，终于第一个到达了今天澳大利亚的维多利亚港，并将它命名为"拿破仑领地"。面对这片未知而又神奇的土地，每个船员都憧憬着美好的未来，他们梦想着在这片富饶的土地上生根发芽，过上幸福的生活。正当全体船员为胜利欢呼，准备插旗扎寨，以向后继者——英国人显示自己的胜利时，他们突然发现了当地特有的一种珍奇蝴蝶。这种蝴蝶有着奇异的花纹，它的美丽他们前所未见，一时之间似乎所有的人都被这蝴蝶夺走了魂魄，忘记了自己此行的目的，于是法国人兴高采烈地全体出动，一齐去抓这种蝴蝶。

巧合的是，就在法国人深入大陆腹地着了魔般地猛追蝴蝶的同时，疲惫不堪的英国人也来到了这里。当法国船队映入他们眼帘时，船员们都以为法国人已经占领了此地，心情无比沮丧。弗林斯达船长命令部属登岸，准备有风度地向法国人祝贺。谁知到了岸上一看，既看不到法国人的影踪，也看不到任何占领标志。于是，英国人立即紧急行动起来，把大英帝国的

各种标志插得遍地都是。

当法国人满怀兴奋地带着漂亮的蝴蝶标本回来时，吃惊地发现，他们的"拿破仑领地"已经不复存在了，到处都是大英帝国的标志，英国人正严阵以待，俨然以胜利者的姿态向他们介绍"维多利亚"的领地归属。法国人做梦也没有想到自己会由胜利者变为失败者，一切似乎是那么不可思议而又是那么顺理成章，所有美好的憧憬都化为泡影。

为一只蝴蝶失去了一个大陆。澳大利亚就这样在一天之内完成了由法属殖民地向英联邦体系的过渡。留给浪漫的法国人的，只能是一些可怜的蝴蝶标本和无尽的沮丧。

你的位置在哪里

有三只小鸟，它们一起出生，又一起从巢里飞出去，一起寻找成家立业的位置。

它们很快便飞到一座小山上。一只小鸟落到一棵树上说："哎呀，这里真好，真高。你们看，那成群的鸡鸭、牛羊，甚至大名鼎鼎的千里马都在羡慕地向我仰望呢。能够生活在这里，我们应该满足了。"

另两只小鸟失望地摇了摇头说："好吧，你既然满足，就留在这里吧，我们还想再到高处看看。"

这两只小鸟飞呀飞呀，终于飞到了五彩斑斓的云彩里。其中一只陶醉了，情不自禁地引吭高歌起来，它沾沾自喜地说："我不想再飞了，这辈子能飞上云端，你不觉得已经十分了不起了吗？"

另一只很难过地说："不，我坚信一定还有更高的境界。遗憾的是，现在我只能独自去追求了。"

说完，它振翅翱翔，向着九霄，向着太阳，执著地飞去……

感悟
gǎnwù

如果你觉得自己是麻雀，你就只能是麻雀了；如果你觉得自己是大雁，你就只能是大雁了；但如果你认定了自己是雄鹰，你就真的可能会变成雄鹰，你的目标会使你迸发出无限的力量。

最后，落在树上的成了麻雀，留在云端的成了大雁，飞向太阳的成了雄鹰。

瞄准自己的目标

1973年，英国利物浦市一个叫科莱特的青年考入了美国哈佛大学，常和他坐在一起听课的，是一个艺术素养高、富于幻想的18岁的美国小伙子，不久两个人便成为好朋友。大学二年级那年，这位小伙子和科莱特商议，一起退学，去开发32Bit财务软件，因为财务软件很走俏，并且新编教科书中，已解决了进位制路径转换问题。

当时，科莱特感到非常惊诧，因为他来这儿是求学的，不是来闹着玩的，现在就去办公司，简直就是做梦。再说对Bit系统，墨尔斯教授才教了点皮毛，要开发Bit财务软件，不学完大学的全部课程是不可能的。而那个同学的观点是：对于Bit系统，老式的传授已使我们入了关键之门，至于其他的，我们以后边干边摸索吧。科莱特感到退学去做这样一件没有把握的事太过鲁莽，他决心修完所有大学课程、研究生课程以后再说，便委婉地拒绝了那位小伙子的邀请。

4年后，这个小伙子成功地开发了32Bit软件使用版，并注册了自己的公司，这时他再一次邀请刚毕业的科莱特加盟自己的公司，和自己一起创办事业，但此时的科莱特感觉自己的知识储备依然不足，仍需要进一步学习，再一次婉言拒绝了邀请。

10年后的1983年，科莱特成为哈佛大学计算机系Bit方面的博士研究生，那位退学的小伙子也在这一年，进入美国《福布斯》杂志亿万富翁排行榜。1992年，科莱特继续深造，从事研究工作；那位美国小伙子的个人资产，在这一年又有了突飞猛进的发展，达到65亿美元，成为仅次于华尔街大亨巴

感悟
ganwu

目标是最重要的，一切的行动都是为了自己的理想，但是实现目标的途径却不是唯一的，正所谓条条大路通罗马，有时当我们按部就班地沿着老路走的时候，不经意间有人已经走到了我们的前面，当然这需要胆识、智慧和勇气。

菲特的美国第二富翁。1995 年，科莱特认为自己已具备了足够的学识，可以研究和开发 32Bit 财务软件了，而那位小伙子则已绕过 Bit 系统，开发出 Eip 财务软件，它比 Bit 快 1 500 倍，并且在两周内占领了全球市场，从而使 32Bit 软件失去了市场，这一年他成了世界首富。一个代表着成功和财富的名字——比尔·盖茨也随之传遍全球的每一个角落。

站着上北大

甘相伟，几年前他是北京大学的保安，现在他已经是北京大学的毕业生。这个家境贫寒的小伙子，从来不相信自己会一生平凡，他为了梦想来到北大当保安，白天上班，晚上读书，终于通过成人考试，以高出分数线六十多分的成绩，被北京大学中文系录取。很多人都被这个"站着上大学"的保安感动了，他从不停止学习的精神为这个时代的年轻人树立了一个榜样。

甘相伟虽然出生于一个普通农民家庭，但从小就对古诗词颇感兴趣。中学时期，他读到了一本名叫《北大才女》的书，"北大"就成了他心中挥之不去的一个情结。"这本书里面描述了未名湖的美丽风光和北大的学术大师的人格魅力，特别吸引我，促使我心中埋下了北大的梦。"从湖北一所专科学校毕业后，甘相伟先后从事过水泥工、产品销售等工作，还曾南下广州打工……但是他认为这不符合自己的梦想，毅然结束了这种生活，来到了北京。

2007 年夏天，正在未名湖边闲逛的甘相伟，在一座教学楼中看到一位保安在看书。他随即与其攀谈，并流露出想应聘北大保安的想法。在第二天的面试中，在谈及想在北大当保安的理由时，甘相伟说：第一，是先求生存再求发展；第二，来学习知识、增长见识。

就这样，甘相伟迈出了"曲线求学"的第一步。回忆一边工作一边读书的那段时间时，他说："我们值班施行三班倒，早中晚三个班一个班 8 小时，一个星期一调，我如果上早班，中午、下午、晚上都有时间。有时候和上课有冲突，我就和同事们协调一下。"

对于他的这种刻苦行为，甘相伟说，同事都比较支持。"保安大队学习的氛围一直比较好，一直以来有学习的传统，依靠的是北大 110 多年的人文底蕴，我们这些保安都是青年人嘛，都是农村来的孩子，可塑性很强，所以我们特别珍惜这样的学习机会。"

甘相伟认为，学习的心态很重要。"不管你身在哪里，如果你本身不学习，那外界环境再好，也无济于事。备考的时候虽然是奥运会期间，晚上有的时候还加班，但是我下班以后，都是翻书、看书，劳逸结合，很顺利就考上了。"

他曾抱怨过生活，但并未就此折翼，五年间写下 12 万字左右的自传式励志书籍《站着上北大》，讲述了自己含泪带笑的追梦故事。

·压 力·

感悟 *ganwu*

很难想象一个伟大作家这样的创作动机，但巴尔扎克的故事却让我们明白，目标是成功的催化剂，它可以催生许多奇迹。

一位出生在普通人家的年轻人十分喜欢文学，他梦想着有一天能够成为一位著名的作家，用他的作品揭露这黑暗的社会，反映人民疾苦，让每一个人都知道他的名字，但在 30 岁之前他却没写出过令他满意的作品。

起初他混迹于法学界，给律师当助手，这违背他的意愿，但是透过律师事务所的窗口，他初次看到了社会的黑暗腐败，积累了丰富的生活阅历。他的亲人希望他能经商，赚点钱补贴家用，使生活可以因此更富足些，但是他却希望能够写作。他最大的希望就是有人能提供他一年生活费用，让他能够安稳地写作。

但生活是现实的，残酷的现实让他无法坚守自己的理想去从事写作，在不得已的情况下他走上了经商的道路，他先后办了不少厂子，但因为缺乏经验，没有一家能够成功；他也曾和出版商合作，经营书籍，但也失败了；他又办了铸字厂和印刷厂，但厄运连连，这两家厂也先后倒闭；他甚至还想冒险去开采废银矿但是仍旧一事无成。这些经商活动非但没有使他获得大量的金钱以保证生活和写作工作，反而使他欠下巨额债务，这些足以让他偿还 30 年。

没有钱的他不得不走上卖字求生和还债的道路。一年之内，他发疯似的写下了 3 部小说，但那些书却没有引起很大反响，销售也不理想，而且因为版权得不到保护，即使小说写成，也不足以解决生计问题。于是他改做记者，每日奔波于大街小巷之间采访，为多家日报撰稿，他每天写作大量文字，以换来一些微薄的稿酬，但这些仍不足以维持生活和偿还巨额的债务。

债主天天上门逼债，他为了躲避债主不得不四处躲藏。面对种种困境他悲观过，绝望过，也曾想过放弃。但他终于没有屈服，没有放弃，他十分崇拜白手起家、意志坚强的拿破仑，他把拿破仑的画像放到书桌前，鼓励自己必须坚持下去。

他开始创作小说。他一天只睡四五个小时，为防止瞌睡而喝大量的咖啡用以提神，他每天晚上 8 点上床，当其他人安然入睡时他又开始展卷写作了，直到早晨 8 时。为了让自己的文字尽快变成金钱偿还债务，每天早餐之后，他就把手稿送到印刷厂。因为创作时间仓促，文章上经常有错字和文理不通的部分，他只好对校样改了又改，而且他不是只改动几个标点，而是大段大段地重写。一本名叫《老处女》的小说，他一连改了 9 次，最后让排字工人十分厌烦，他们甚至抗议，表示以后不再排他的文字。

他在 30 岁之后的生活几乎全是为债务而发疯似的写作。在后来的 20 年内，他创造了 100 多部小说，其中的《人间喜剧》《高老头》等数十篇小说成为传世之作。在他逝世的前两年，他还在修改 20 多年前的手稿。

他就是法国著名的作家巴尔扎克。巴尔扎克能从一个平庸作家成为著名作家，动力竟来源于那些巨额债务。为挣钱还债，他写作写作再写作。

简单道理

从前，有两个饥饿的人得到了一位长者的恩赐：一根鱼竿和一篓鲜活硕大的鱼。其中，一个人要了一篓鱼，另一个人要了一根鱼竿，于是他们分道扬镳了。得到鱼的人原地就用干柴搭起篝火煮起了鱼，他狼吞虎咽，还没有品出鲜鱼的肉香，转瞬间，连鱼带汤就吃了个精光。不久，他便饿死在空空的鱼篓旁。另一个人则提着鱼竿继续忍饥挨饿，一步步艰难地向海边走去，可当他已经看到不远处那片蔚蓝色的海洋时，他浑身的最后一点力气也使完了，他也只能眼巴巴地带着无尽的遗憾撒手人间。

又有两个饥饿的人，他们同样得到了长者恩赐的一根鱼竿和一篓鱼。只是他们并没有各奔东西，而是商定共同去找寻大海。他俩每次只煮一条鱼，经过遥远的跋涉，他们来到了海边，从此，两人开始了捕鱼为生的日子。几年后，他们盖起了房子，有了各自的家庭、子女，有了自己建造的渔船，过上了幸福安康的生活。

五年后你会做什么

1976 年的冬天，当时我 19 岁，在休斯敦太空总署的太空梭实验室里工作，同时也在总署旁边的休斯敦大学主修电脑。学校、睡眠与工作，这几乎占据了我一天 24 小时的全部时间，但只要有多余的一分钟，我总是会把所有的精力放在我的音乐创作上。

我知道写歌词不是我的专长，所以在这段日子里，我处处寻找一位善写歌词的搭档，与我一起合作创作。我认识了一位朋友，她的名字叫凡内芮。她在我事业起步时，给了我最大的鼓励。仅 19 岁的凡内芮在得州的诗词比赛中，不知得过多少奖牌。她的作品总是让我爱不释手，当时我们的确合写了许多很好的作品，一直到今天，我仍然认为这些作品充满了特色与创意。

一个星期六的周末，凡内芮又热情地邀请我到她家的牧场烤肉。她的家族是得州有名的石油大亨，拥有庞大的牧场。她的家庭虽然极为富有，但她的穿着、所开的车与她谦逊待人的态度，更让我加倍地从心底佩服她。凡内芮知道我对音乐的执著。然而，面对那遥远的音乐界及整个美国陌生的唱片市场，我们一点头绪都没有。此时，我们两个人坐在得州的乡下，我们不知道下一步该如何走。突然间，她冒出了一句话："想象你 5 年后在做什么？"

我愣了一下。

她转过身来，手指着我说："嘿！告诉我，你心目中最希望 5 年后的你在做什么？你那个时候的生活是一个什么样子？"我还来不及回答，她又抢着说："别急，你先仔细想想，完全想好，确定后再说出来。"我沉思了几分钟，开始告诉她："第一，5 年后，我希望能有一张唱片在市场上，而这张唱片很受

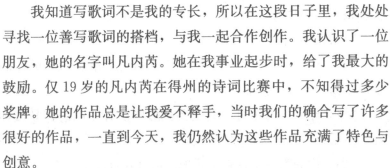

感悟
ganwu

在你旁边的人，再怎么热心地为你敲锣打鼓，顶多给一些慈悲的安慰。如果连你自己都还没有清楚地知道你要的是什么，那么你又岂能怪罪任何人呢？

欢迎，可以得到许多人的肯定。第二，我住在一个有很多很多音乐的地方，能天天与一些世界一流的乐师一起工作。"

凡内芮说："你确定了吗?"

我慢慢稳稳地回答，而且拉了一个很长的 Yes!

凡内芮接着说："好，既然你确定了，我们就把这个目标倒算回来。如果第五年，你有一张唱片在市场上，那么你的第四年一定是要跟一家唱片公司签上合约。

"那么你的第三年一定是要有一个完整的作品，可以拿给很多很多的唱片公司听，对不对?

"那么你的第二年，一定要有很棒的作品开始录音了。

"那么你的第一年，就一定要把你所有要准备录音的作品全部编曲，排练就位准备好。

"那么你的第六个月，就是要把那些没有完成的作品修饰好，然后让你自己可以逐一筛选。

"那么你的第一个月就是要把目前这几首曲子完工。

"那么你的第一个礼拜就是要先列出一个清单，排出哪些曲子需要修改，哪些需要完工。"

"好了，我们现在不就已经知道你下个星期一要做什么了吗?"凡内芮笑笑说。

"喔，对了。你还说你 5 年后，要生活在一个有很多音乐的地方，然后与许多一流的乐师一起忙着工作，对吗?"她急忙地补充说，"如果，你的第五年已经在与这些人一起工作，那么你的第四年照道理应该有你自己的一个工作室或录音室。那么你的第三年，可能是先跟这个圈子里的人在一起工作。那么你的第二年，应该不是住在得州，而是已经住在纽约或是洛杉矶了。"

次年（1977 年），我辞掉了令许多人羡慕的太空总署的工作，离开了休斯敦，搬到洛杉矶。

说也奇怪：不敢说是恰好 5 年，但大约可说是第六年。

1983 年，我的唱片在亚洲开始销起来，我一天 24 小时几乎全都忙着与一些顶尖的音乐高手，日出日落地一起工作。

每当我在最困惑的时候，我会静下来问我自己：5 年后你"最希望"看到你自己在做什么？

如果，你自己都不知道这个答案的话，你又如何要求别人为你作选择或开路呢？别忘了！在生命中，所有"选择"的权力在我们的手上。

如果，你对你的生命经常在问"为什么会这样""为什么会那样"的时候，你不妨试着问一下自己，你是否"清清楚楚"地知道你自己要的是什么。

为正义和平等而战的曼德拉

曼德拉是南非第一位黑人总统，他同南非种族隔离制度进行了几十年不屈不挠的斗争，赢得了全世界人的支持和喝彩。曼德拉的反抗精神、对正义和理想的追求在童年时期就已初露端倪。

曼德拉出生在南非特兰斯凯一个小村庄，9 岁那年父亲就去世了。曼德拉从小就经常目睹当地大酋长在解决部落争端过程中被白人政府压制，逐渐萌发了寻求正义和平等的理想。上学后，他多次领导同学抗议学校的白人法规，甚至因领导学生运动而被除名。在一次次的抗争中，曼德拉逐渐立下志愿：要为南非的每一个黑人寻求真正的公正。他甚至为此放弃了成为酋长继承人的资格，"决不愿以酋长的身份统治一个被压迫的部族"，而要"以一个战士的名义投身于民族解放事业"。

由于领导反对白人种族隔离政策的斗争，白人统治者把他关在荒岛上长达 27 年。但这从未动摇过曼德拉的理想。在回忆录中，曼德拉写道："即使是在监狱那些最冷酷无情的日子里，我也会从狱警身上看到若隐若现的人性，可能仅仅是一秒钟，但它却足以使我恢复信心并坚持下去。"

感 悟
ganwu

即使身处逆境，却仍然执着于理想，并为了实现这一理想而奋力拼搏，必定会成就非凡的人生。

1990 年，曼德拉重获自由。1994 年，曼德拉就任南非第一任总统。在曼德拉的领导下，南非避免了族群仇杀和社会动荡，实现了政治、经济的平稳过渡，被国际社会公认为社会变革的奇迹。整个南非，从此从专制走向民主，真正实现了"人人平等"。

·做橡树不做小草·

比尔·盖茨拥有好多个"世界之最"，例如：他是第一个靠观念、智能和思维致富的人；他是世界首富，1996 年的财产是 160 亿美元；他是有史以来最年轻的世界第一富翁；他是第一个从一无所有白手起家，在短短 20 年内创造财产达 139 亿美元的奇才；他是人类历史上第一个靠电脑软件积累亿万财富的先行者；他是首先开发利用高科技和高智商，创造巨大财富的典范⋯⋯因此，在 20 世纪 90 年代的地球上刮起了一阵强劲的比尔·盖茨旋风。那么比尔·盖茨是怎样的一个人呢？

比尔·盖茨的童年是在美国华盛顿州的西雅图度过的，西雅图是美国波音公司的基地，全市职工近半数在这家公司工作，所以人们也把西雅图称为"波音城"。它和旧金山、洛杉矶并列为美国西海岸的三大门户。长着一头沙色头发的 7 岁男孩比尔·盖茨最喜欢反复看个没完的是那套《世界图书百科全书》。他经常几个小时地连续阅读这本几乎有他体重 1/3 的大书，一字一句地从头到尾地看。他常常陷入沉思，冥冥之中似乎强烈地感觉到，小小的文字和巨大的书本里面藏着多么神奇和魔幻的一个世界啊！文字的符号竟能把前人和世界各地人们的无数有趣的事情记录下来，又传播出去。他又想，人类历史将越来越长，那么以后的百科全书不是越来越大而又笨重了吗！能有什么好办法造出一个魔盒来，只要小小的一个香烟盒那么大，就能包罗万象地把一大本大百科全书都收进去，该有

做橡树不做小草是比尔·盖茨的目标，他会经常几个小时地连续阅读这本几乎有他体重 1/3 的大书，会努力做好老师布置的任何作业，无形中，他把自己当做橡树一样要求了，比尔·盖茨也真的是做了橡树。

多方便。

这个奇妙的思想火花，后来竟实现了，而且比香烟盒还要小，只要一块小小的芯片就行了。比尔·盖茨看的书越来越多，想的问题也越来越多。一次他忽然对他四年级的同学卡尔·爱德说："与其做一棵草坪里的小草，还不如成为一株耸立于秃丘上的橡树。因为小草千篇一律，毫无个性，而橡树则高大挺拔，昂首苍穹。"他坚持写日记，随时记下自己的想法，小小的年纪常常如大人般的深思熟虑。他很早就感悟到人的生命来之不易，要十分珍惜来到人世的宝贵机会。他在日记里这样写道："人生是一次盛大的赴约，对于一个人来说，一生中最重要的事情莫过于信守由人类积累起来的理智所提出的至高无上的诺言……"那么"诺言"是什么呢？就是要干一番惊天动地的大事。他在另一篇日记里又写道："也许，人的生命是一场正在焚烧的火灾，一个人所能去做的，就是竭尽全力要从这场'火灾'中去抢救点什么东西出来。"这种"追赶生命"的意识，在同龄的孩子中是极少有的。

比尔·盖茨所想的"诺言"也好，追赶生命中要抢救的"东西"也好，表现在比尔·盖茨的日常行动中，就是学校的任何功课和老师布置的作业，无论是演奏乐器还是写作文，或者体育竞赛，他都会全心全意花上所有时间去最出色地完成。

人最缺的是什么

巴拉昂是一位年轻的媒体大亨，以推销装饰肖像画起家。在不到 10 年的时间里，他迅速跻身于法国 50 大富翁之列，1998 年因前列腺癌在法国博比尼医院去世。临终前，他留下遗嘱，把他 4.6 亿法郎的股份捐献给博比尼医院，用于前列腺癌的研究；另有 100 万法郎作为奖金，奖给揭开贫穷之谜的人。

巴拉昂去世后，法国《科西嘉人报》刊登了他的这份遗

嘱。他说："我曾是一个穷人，去世时却是以一个富人的身份走进天堂的。在跨入天堂的门槛之前，我不想把我成为富人的秘诀带走，现在秘诀就锁在法兰西中央银行我的一个私人保险箱内，保险箱的三把钥匙在我的律师和两位代理人手中。谁若能通过回答穷人最缺少的是什么而猜中我的秘诀，他将能得到我的祝贺。当然，那时我已无法从墓穴中伸出双手为他的睿智而欢呼，但是他可以从那只保险箱里荣幸地拿走 100 万法郎，那就是我给予他的掌声。"

遗嘱刊出之后，《科西嘉人报》收到大量的信件，有的骂巴拉昂疯了，有的说《科西嘉人报》为提升发行量在炒作，但是多数人还是寄来了自己的答案。

绝大部分人认为，穷人最缺少的是金钱，穷人还能缺少什么？当然是钱了，有了钱，就不再是穷人了。还有一部分人认为，穷人最缺少的是机会。一些人之所以穷，就是因为没遇到好时机，股票疯涨前没有买进，股票疯涨后没有抛出，总之，穷人都穷在背时上。另一部分人认为，穷人最缺少的是技能。现在能迅速致富的都是有一技之长的人，一些人之所以成了穷人，就是因为学无所长。还有的人认为，穷人最缺少的是帮助和关爱。每个党派在上台前，都给失业者大量的许诺，然而上台后真正爱他们的又有几个？另外还有一些其他的答案，比如：穷人最缺少的是漂亮，是皮尔·卡丹外套，是《科西嘉人报》，是总统的职位，是沙托鲁城生产的铜夜壶等等，总之，五花八门，应有尽有。

巴拉昂逝世周年纪念日，律师和代理人按巴拉昂生前的交代在公证部门的监视下打开了那只保险箱，在 48 561 封来信中，有一位叫蒂勒的小姑娘猜对了巴拉昂的秘诀。蒂勒和巴拉昂都认为穷人最缺少的是野心，即成为富人的野心。

巴拉昂的谜底见报后，引起不小的震动，这种震动甚至超出法国，波及英美。前不久，一些好莱坞的新贵和其他行业几

感悟
ganwu

有野心的人都会给自己的人生制订一个详细的计划，进而一步一步地去实现自己的野心。有时野心是不外露的，但有野心的人，行动的脚步是稳健的。

位年轻的富翁就此话题接受电台的采访时，都毫不掩饰地承认：野心是永恒的特效药，是所有奇迹的萌发点；某些人之所以贫穷，大多是因为他们有一种无可救药的弱点，即缺乏野心。

排在第二也不错

适者生存，不适者被淘汰，这是自然界的生存法则。在竞争激烈的商品社会中，人人想要争第一，以防在残酷的竞争中被淘汰出局。

美国有一家租车公司，长期以来却以第二自居，赢得好评。

这家租车公司原本经营不善，由于冗员太多，员工工作态度又散漫，车子交到租车者的手中时，灰尘满面，座椅肮脏不堪，车内卫生也没有打扫，单就肮脏的程度，就会被讥诮是"逃犯开的车子"，名声到此地步，怎会不面临倒闭的边缘。

尽管如此，这家租车公司的市场占有率仍屈居第二，只是离市场占有率第一名的租车公司，有好远一段距离，而第三名的公司正在奋起直追，已是相差不远。

其后来了一位"经营之神"奚得先生，他已经成功地使多个濒临死亡的企业起死回生。在内部他采取重罚重赏的方式改善服务品质，要求员工必须使每一辆出租的车表面清洁，光亮如新，车内整洁干净，对待每一位顾客要文明礼貌，尽可能地满足顾客的要求，如果工作得好会有奖金，但如果依然像过去一样我行我素，将会受到重罚。另外一方面，他又找寻广告公司做形象广告，以在大众面前树立崭新形象。

负责广告的创意大师彭巴克先生，经过两个星期调查研究后告诉奚得先生：广告要取得最好的效果就坦白直率地告诉大家——我在租车行业中，排名第二。

奚得先生深感怀疑："如果我们第二，为什么人家还是租我们的车子，会不会适得其反？"

感悟
ganwu

第二是一种策略，第一是一种心态。只要自己有明确的行动目标，成功也就为时不远了。

彭巴克先生的答案是："因为我们更努力。"

奚得先生接受了这则广告，之后公布于众，毫不讳言坦白："自己差，但我们更努力。"这样不只对内部员工有所警戒，对顾客而言，他们看到了一个努力向上的团体，也看到了它的改变。不久之后，公司的业绩急速上升，市场占有率愈来愈接近第一名，但是第一名的业绩也无衰退，第三名倒是被远远地抛下。这无疑是广告史上的一则经典，但也正说明了正是有目标的存在，才促使公司整个团体不断前进。

延续这则经典广告的金句有："其实当老二也不错，我们有更努力的空间。"

在所有的车子上，都贴了奚得先生的电话，如果租车者发现车不清洁、有烟蒂等等情况，可以直接打电话给他。因为"我们第二，所以要更努力"。顾客正是被这家公司不断进取的诚意所打动来此租车，从而使公司的业绩不断提高。

不可能独自成功

15世纪，在纽伦堡附近的一个小村子里住着一户人家，家里有18个孩子。为了糊口，一家之主——当金匠的父亲丢勒几乎每天都要工作18个小时以上——或者在他的作坊，或者替他的邻居打零工，但依然不能解决一家的温饱问题。

尽管家境如此困苦，依然没有毁灭丢勒家年长的两兄弟——阿尔勃累喜特和艾伯特的梦想，他们梦想着有一天能成为一名艺术家。但家庭生活的窘迫使他们很清楚，父亲在经济上绝无能力把他们中的任何一人送到纽伦堡的艺术学院去学习，他们也不忍心提出自己的要求而使父亲因为无力满足而难过。

经过夜晚床头无数次的私议之后，他们最后决定用掷硬币的方式决定自己的命运——输者要到附近的矿井下矿四年，用他的收入供给到纽伦堡上学的兄弟；而胜者则在纽伦堡就学四年，然后用他出卖的作品收入支持他的兄弟上学，如果必要的话，也得下矿挣钱，从而使两个人的梦想都能够实现。

在一个星期天做完礼拜后，兄弟俩掷了钱币。阿尔勃累喜特赢了，于是他离家到纽伦堡上学，而艾伯特则下到危险的矿井工作，以便在今后四年资助他的兄弟。阿尔勃累喜特在学院努力学习绘画，每天学习到深夜。他的刻苦没有白费，他的作品很快引起人们的关注，他的铜版画、木刻、油画远远超过了他的教授的成就。毕业的时候，他已经成为小有名气的画家，很多人慕名前来请他作画，收入已经相当可观。

当年轻的画家回到他的村子时，全家人在草坪上祝贺他衣锦还乡。音乐和笑声伴随着这顿长长的值得纪念的会餐。吃完饭，阿尔勃累喜特从桌首荣誉席上起身向他亲爱的兄弟敬酒，因为他多年来的牺牲使自己得以实现理想。"现在，艾伯特，我受到祝福的兄弟，应该倒过来了。谢谢你这几年来对我的资助，如今我已经完全有能力供你读书了，你可以去纽伦堡实现你的梦，而我应该照顾你了。让我们都实现自己的梦想。"阿尔勃累喜特以这句话结束他的祝酒词。

此时大家都把期盼的目光转向餐桌的另一端，艾伯特坐在那里，泪水从他苍白的脸颊流下，他连连摇着低下去的头，呜咽着再三重复："不……不……不……"

最后，艾伯特起身擦干脸上的泪水，低头瞥了瞥长桌前那些他挚爱的面孔，把手举到额前，柔声地说："不，兄弟。谢谢你的照顾。但我已经不能去纽伦堡学画了。这对我来说已经太迟了。看……看看我的手吧，看看四年的矿工生活使我的手发生了多大的变化吧！每根指骨都至少遭到一次骨折，每到阴雨天它们都异常疼痛，而且近来我的右手被关节炎折磨得甚至不能握住酒杯来回敬你的祝词，更不要说用笔、用画刷在羊皮纸或者画布上画出精致的线条。不，兄弟……对我来讲这太迟

当你看见这幅动人的作品时，请多花一秒钟看一看。它会提醒你，没有人——永远也不会有人能独自取得成功，虽然是心中的目标催使自己实现了梦想，但目标的实现很多时候是需要别人的帮助的。

了。"听到此处所有人都流下了泪水。

为了报答艾伯特所做的牺牲，阿尔勃累喜特苦心画下了他兄弟那双饱经磨难的手，细细的手指伸向天空。他把这幅动人心弦的画简单地命名为《手》，但是整个世界几乎立即被他的杰作折服，把他那幅爱的画作重新命名为《祈求的手》。

箱　子

在非洲一片丛林中走着四个男子，他们已经瘦得皮包骨了，两眼满是血丝，衣服破烂不堪，所有的一切表明他们已在原始丛林中走过了数十天，没有食物，濒临死亡。他们正扛着一只沉重的箱子，在茂密的丛林里跟跟跄跄地往前走着。

他们是约翰、吉姆、麦克里斯和巴里，他们是跟随队长马克格夫进入原始丛林进行探险的。马克格夫曾许诺过给以他们优厚的工资。但是，在任务即将完成的时候，马克格夫不幸得了一种原始丛林中常见的疾病，由于没有医药救治最终长眠在丛林中。

这个箱子是马克格夫临死前亲手制作的。他十分诚恳地对四人说道："我要你们向我保证，一步也不离开这只箱子。如果你们把箱子完好无缺地送到我朋友手里，你们将分得比金子还要贵重的东西。我相信你们会送到的，我也向你们保证，你们一定能从麦克·唐纳教授那里得到比金子还要贵重的东西。"

埋葬了马克格夫以后，这四个人就上路了。但原始丛林之中的路极其难走，每一步都布满危险，箱子也变得越来越沉，而他们的力气却越来越小了。食品和水越来越少，他们像囚犯一样在泥潭中挣扎着。一切都像在做噩梦，而只有这只箱子是实在的，是这只箱子在支撑着他们的身躯！否则他们全倒下了。他们互相监视着，不准任何人单独乱动这只箱子。在最艰难的时候，他们想到了未来的报酬是多少，他们都在猜测比金子还重要的东西究竟是什么，他们为能得到这样的报酬而兴奋，并以此为动力支撑着自己的躯体走完这艰险的路程……

终于有一天，绿色的屏障突然拉开，他们一阵欣喜，经过千辛万苦终于走出了原始丛林，并且即将得到比金子还贵重的东西。四个人急忙找到麦克·唐纳教授，迫不及待地问起应得的报酬。教授似乎没听懂，只是无可奈何把手一摊，说道："我是一无所有啊，噢，或许箱子里有什么宝贝吧。"于是麦克·唐纳教授当着四个人的面，打开了箱子，大家一看，都傻了眼，满满一堆无用的木头！

"这是开的什么玩笑？简直岂有此理，我们居然被耍弄了，我们千辛万苦走出丛林，就是为了一堆无用的木头。"约翰说。

"屁钱都不值，我早就看出那家伙有神经病！我们被骗了，我们简直就是一群傻瓜。"吉姆吼道。

"比金子还贵重的报酬在哪里？在哪里？我们上当了！上当了！上帝啊！"麦克里斯愤怒地嚷着。

此刻，只有巴里一声不吭，他想起了他们刚走出的密林，想到丛林之中到处是一堆堆探险者的白骨，他想起了如果没有这只箱子，他们四人或许早就倒下去了……巴里站起来，对伙伴们大声说道："你们不要再抱怨了。难道你们现在还没有想到我们所得到的吗？我们得到了比金子还贵重的东西，那就是生命！没有这只箱子，我们早已经死在丛林之中，生命难道不比任何一种东西都珍贵吗？"

· 环境的力量 ·

有一天，一位禅师为了启发他的门徒，给他的门徒一块石头，叫他去蔬菜市场，并且试着卖掉它。这块石头很大，很美丽，有着五彩的花纹。但是师父说："不要真的卖掉它，你只要试着去卖掉它就好。注意观察，多问一些人，然后回来告诉

我在蔬菜市场它能卖多少钱。"他的门徒听了他的话便去了市场。在菜市场，许多人看着这块石头想：它可以做很好的小摆件，我们的孩子可以玩，或者我们可以把它当做称菜用的秤砣。于是他们出了价，但只不过几个小硬币。那个人回来后告诉师傅他在市场的所见，对师傅说："大家说这只是一块平常的石头，它最多只能卖几个硬币，没有人愿意出更高的价钱来买它。"

师父说："现在你去黄金市场，问问那儿的人。但是不要卖掉它，光问问价。不论别人出多高的价钱，你都说不卖，看看情况会怎样。"门徒听后去了黄金市场。他在那里待了一天，每一个从他身边走过的人，都问一下价钱，有人出20块钱买下这块石头，门徒回答不卖，有人出200块钱门徒依然不卖，大家都很奇怪，认定这必定是价值连城的东西，于是价钱越抬越高，最后竟有人愿意出1 000块钱买下它，门徒依然没有卖。大家不由得更加奇怪，纷纷传说这是价值连城的宝物。黄昏之后门徒从黄金市场回来，这个门徒很高兴，说："这些人太棒了。他们乐意出到1 000块钱买下这块石头。"

师父说："现在你去珠宝商那儿，但不要卖掉它。"门徒去了珠宝商那儿。到了珠宝店之后他没有说太多的话，只是告诉珠宝商他想卖掉这块石头，让珠宝商开个价，简直不敢相信，他们竟然乐意出5万块钱，门徒心中一阵惊喜，但没有表现出来，只是摇摇头，表示不卖，珠宝商认为这必定是珍宝，他们继续抬高价格——他们出到10万。但是门徒回答说："我不打算卖掉它。"门徒的态度让他们更加坚信自己的猜测是正确的，他们一阵窃窃耳语之后对门徒说："如果你嫌少，我们可以出20万。"门徒依然摇头表示不满意珠宝商开的价钱，这令他们很吃惊。他们说："那么30万，这样你总满意了吧，或者你要多少就多少，只要你卖！"这个门徒说："我不卖，我只是问问价。"说完之后转身离开了，他的态度珠宝商前所未见，大家

把自己定位在蔬菜市场，自己也就只有蔬菜市场的鉴别力了；把自己和珠宝商看齐，自己就会有珠宝商的鉴别力。什么样的目标，是靠自己选择的。

竞相传说门徒手中有一块无价之宝，大家都在猜测究竟出多少钱门徒才愿意卖掉它。门徒见到师傅，告诉他在珠宝店的际遇，他说："我简直不能相信，这些人居然愿意出 30 万甚至更多来买这块石头，甚至有人说这是无价之宝，这些人疯了！"他问道："师傅，为什么这块石头在蔬菜市场只能卖几个硬币，在黄金市场就能卖到 1 000 块钱，在珠宝店就能卖到几万，几十万甚至更多，而且我越不卖，大家出的价钱就越高，甚至最后变成了无价之宝，我自己觉得蔬菜市场的价就已经足够了。"

师父拿回石头说："我们不打算卖掉它，它也并不是无价之宝。不过现在你明白了，它的价钱完全取决于你，看你是不是有试金石、理解力。如果你是生活在蔬菜市场，那么你只有那个市场的理解力；而你到了黄金市场，便有了黄金市场的理解力；在珠宝店你又有了珠宝店的理解力，如果你不去更高层次的市场，那么你就永远不会认识更高的价值。这就是我要告诉你的。"

分段实现大目标

1984 年，在东京国际马拉松邀请赛中，日本选手山田本一引起了人们的注意。在比赛开始的时候他并没有领先，但在整个马拉松比赛过程中，他的步调始终如一，渐渐超过了其他选手，最终夺得了世界冠军，这一结果出乎所有人的意料，因为此前他只是一个名不见经传的选手，没有人注意到他。赛后有记者问他："请问您这次取得如此骄人的成绩，凭借的是什么？有什么秘诀吗？"沉默片刻后，他说了这么一句话："没有什么秘诀，我只是凭智慧战胜对手。"

面对山田本一的回答，当时许多人不以为然，认为这个偶然跑到前面的矮个子选手是在故弄玄虚，能够取得冠军不过是

要一下子实现远大的目标的确是有困难的，甚至使人觉得有点无望。而将目标分成若干个阶段，分阶段实施，使自己在哪一个阶段都有成就感，进而满怀希望地开始下一个阶段的奋斗，是成功的好方法。

他运气好而已。马拉松赛是一项需要体力和耐力的运动，只要身体素质好又有耐性就有望夺冠，爆发力和速度都还在其次，说用智慧取胜确实有点勉强，言过其实。

也许山田本一的"运气"真的很好，而他的好运似乎又不止这一次。两年后，意大利国际马拉松邀请赛在意大利北部城市米兰举行，山田本一代表日本参加比赛。在这次比赛中，他凭借自己稳健的步伐将一个又一个选手落在了后面，第一个冲过终点，又获得了世界冠军。赛后记者又一次采访他："两年以前您夺得了东京国际马拉松邀请赛的世界冠军，这次您又一次夺得了冠军，请您谈谈获得冠军的比赛经验好吗？"

山田本一性情木讷，不善言谈，面对记者的提问，又是一阵沉默，他的回答仍是上次那句话："用智慧战胜对手。"这回记者在报纸上没再讽刺、挖苦他，大家认识到能够取得两次冠军绝对不是运气可以解释的，大家开始正视这位矮个子选手，正视他的成绩。但对他所谓的智慧仍然迷惑不解。

10年后，这个谜终于被解开了，而解开这个谜的正是他本人，山田本一在他的自传中是这么说的："每次比赛之前，我都要亲自勘察地形，乘车把比赛的线路仔细地看一遍，并把沿途比较醒目的标志画下来，比如第一个标志是银行，第二个标志是一棵大树；第三个标志是一座红房子……这样一直画到赛程的终点。比赛开始后，我就以百米的速度奋力地向第一个目标冲去，等到达第一个目标后，我又以同样的速度向第二个目标冲去，就这样第三个目标，第四个目标，直到最后一个目标——终点线。当我到达一个一个既定目标时，就如同征服了一个一个困难，这让我非常自豪，信心百倍，而且我已经知道剩下的困难正越来越少，胜利就在我的前面，我已经离它越来越近了。40多千米的赛程，就这样被我分解成这么几个小目标轻松地跑完了。起初，我并不懂这样的道理，我总是把我的目标定在40多千米外终点线上的那面旗帜上，结果我跑到十

几千米时就疲惫不堪了，我被前面那段遥远的路程给吓倒了。一次偶然的机会，我发现把遥远的路程分成几段，每次我只想着向一个小的目标进发，困难便没那么大了，当我把所有的小目标实现之后，我完成的就是一个大目标。我不再疲惫，我充满信心地向我的目标前进。"

希 望

你听说过这样一个故事吗？当年，美国曾有一家报纸刊登了一则园艺所的启事，征求纯白金盏花，奖金丰厚。这则启事在当地一时引起轰动。高额的奖金让许多人趋之若鹜，跃跃欲试，但在千姿百态的自然界中，金盏花除了金色的就是棕色的，能培植出白色的，不是一件容易之事。所以许多人一阵热血沸腾之后，面对种种困难半路退缩，选择了放弃，不再奢望将高额奖金纳入自己口袋。一段时间之后很多人就把那则启事忘到九霄云外去了。

时光荏苒，一晃 20 年过去了。一天，那家园艺所收到了一封热情的应征信和 1 粒纯白金盏花的种子。这让园艺所的专家们异常意外，又异常欣喜，没想到白色的金盏花终于被培育出来了，并且它培育出来又是在 20 年之后。当天，这件事就不胫而走，在当地引起轩然大波，被人们淡忘多年的往事再次被人们提起，人们都在纷纷谈论猜测，这能种出白色金盏花的到底是什么人？这白色的金盏花又会是什么样子？

谜底很快揭晓，寄种子的原来是一个年已古稀的老人。老人是一个地地道道的爱花人，她家的花园里种着各种各样的花，品种之多让人眼花缭乱。当她 20 年前偶然看到那则启事后，便怦然心动，决心一定要种出这种白色的金盏花，不是为钱而是为着自己对花的喜爱。于是她不顾八个儿女的一致反

感 悟 *ganwu*

只要我们心中存在希望，只要我们心中有一颗希望的种子，那么就一定会创造出奇迹，只要自己坚实地为自己的未来努力，目标就一定会达到。

对，义无反顾地干了下去。她撒下了一些最普通的种子，精心侍弄，浇水、施肥、除草，像照看孩子一样照顾着这些花。一年之后，这些金盏花盛开了，它们尽情地展露着笑脸回报种花人的辛勤，她从那些金色的、棕色的花中挑选了一朵颜色最淡的，任其自然枯萎，以取得最好的种子。次年，她又把它种下去。然后，再从这些花中挑选出颜色更淡的花的种子栽种……日复一日，年复一年。终于，在我们今天都知道的那个20年后的一天，她终于等到了这一天，在那片花园中她看到了一朵金盏花，它不是近乎白色，也并非类似白色，而是如银如雪的白。这让她异常欣喜，20年来的努力没有白费，她终于种出了白色的金盏花，面对着白色的金盏花，任何语言都无法表达她此时的心情。一个连专家都解决不了的问题，在一个不懂遗传学的老人手中迎刃而解，这是奇迹吗？不，这看似出人意料的事情又是那么理所当然。这白色的金盏花，倾注了老人无数的心血，日复一日，年复一年，老人从未放弃，她坚信自己终有一天会种出白色的金盏花。在等待中，老人度过了20年，终于等到了这一天。

当年曾经那么普通的一粒种子啊，也许谁的手都曾捧过，捧过那样一粒再普通不过的种子，只是他们少了一份对希望之花的坚持与捍卫，少了一份以心为圃、以血为泉的培植与浇灌，才使他们的生命错过了一次最美丽的花期。种在心里，即使一粒最普通的种子，也能长出奇迹！

被扔下悬崖的老鹰

有一天，一个乡下的老人在山里打柴时，拾到一只很小的样子怪怪的鸟。那只怪鸟和出生刚满月的小鸡一样大小，身子红红的，全身光秃秃的没有毛，也许因为它实在太小了，还不会飞，又是那样可怜，老人就把这只怪鸟带回家给小孙子玩。

老人的孙子是一个很调皮的孩子，他将怪鸟放在小鸡群里，充当母鸡的孩子，让母鸡养育着。母鸡没有发现这个异类，全权负起一个母亲的责任。

怪鸟一天天长大了，个头很大，身上长出了黑色的毛，有着长长的脖子，全然不同于一般的鸟。人们这才发现那只怪鸟竟是一只鹰，人们担心鹰再长大一些会吃鸡。然而人们的担心是多余的，那只一天天长大的鹰和鸡相处得很和睦，整日和鸡姊妹在一起玩，没有一丝要伤害它们的表现，只是有时鹰会出于本能展翅飞翔盘旋在天空，当鹰从天空向地面俯冲时，鸡群出于本能会产生恐慌而四下逃窜，此时院中不免鸡毛满天，叫声连连。

时间久了，村里的人们对于这种鹰鸡同处的状况越来越看不惯，终于有人开始抱怨这只鹰的不是。如果哪家丢了鸡，便首先会怀疑那只鹰，因为要知道鹰终归是鹰，生来是要吃鸡的，即便是被母鸡带大，终归摆脱不了食肉的本性，即便这次丢的鸡不是被它吃的，总难保它以后不会吃，甚至有人认为当初就不应该把它带回来喂养，一时心软终会"养鹰为患"。愈来愈不满的人们一致强烈要求：要么杀了那只鹰，要么将它放生，让它永远也别回来。因为和鹰相处的时间长了，有了感情，这一家人自然舍不得杀它，尤其是老人的小孙子，泪眼婆婆地请求爷爷一定不要杀了它。于是他们决定将鹰放生，让它回归大自然，回到属于它的地方去。

然而他们用了许多办法都无法让那只鹰重返大自然，他们把鹰带到很远的地方放生，过不了几天那只鹰又飞回来了，他们驱赶它不让它进家门，他们甚至将它打得遍体鳞伤，但是种种伤害并没有阻止鹰回家的决心，它已经认定了这是它的家，任何行为都不能使它离开……许多办法试过了都不奏效。最后他们终于明白：原来鹰是眷恋它从小长大的家园，舍不得那个温暖舒适的窝。

后来村里的一位老人说：把鹰交给我吧，我会让它重返蓝天，永远不再回来。老人将鹰带到附近一个最陡峭的悬崖绝壁旁，然后将鹰狠狠向悬崖下的深涧扔去，如扔一块石头。那只鹰开始也如石头般向下坠去，然而快要到涧底时它终于展开双翅托住了身体，开始缓缓滑翔，然后轻轻拍了拍翅膀，就飞向蔚蓝的天空，它越飞越自由舒展，越飞动作越漂亮，那才叫真正的翱翔，蓝天才是它真正的家园啊！它越飞越高，越飞越远，渐渐变成了一个小黑点，飞出了人们的视野，永远地飞走了，再也没有回来。

月薪 400

这是发生在 4 年前的事情。我是一所大学里的心理学教授，有一天我的两位学生分别来找我咨询大学毕业的就业问题。他们都是很聪明的年轻人，思路清晰，反应敏捷，读书时成绩都十分优秀，深受各位老师的喜爱，当然我也喜欢他们。他们兴趣和爱好很相同，都喜欢踢足球、跑步、打篮球这样一些竞技性的体育项目，对于他们来说，有许多工作机会可供选择。当时，我的一位朋友创办了一家小型公司，也正委托我物色一个适当的人做助理，于是我建议两个年轻人去试试看。

他们俩分别去应聘，第一位前去拜访的名叫几米。像所有的面试一样，我的朋友问了他几个问题，比如，什么专业，有没有工作经验等等，几米回答不错，我的朋友觉得这是一个不错的年轻人，决定聘用他。但几米似乎不这么认为，面谈结束后他打电话给我，用一种厌恶的口气对我说："亲爱的老师，你的朋友太苛刻了，简直让人无法忍受，干那么多的工作他居然只肯给月薪 400 美元，我觉得这太少了，我的劳动应该有更多的报酬，我不想当廉价劳动力，很抱歉我拒绝了他。我去应聘另一家公司了，他们答应给我 600 美元月薪，我已经在这一家公司上班了。"

后来去的学生名叫唐克，我的朋友问了与几米同样的问题，唐克是个出色的小伙子，他对答如流。这让我的朋友非常满意。最后谈到薪水问题，我的朋友对唐克说因为公司还在初创阶段，规模比较小，花钱的地方也很多，因此薪水方面可能不会太高，但我的朋友承诺等稳定之后薪水一定会涨。尽管开出的薪水也是 400 美元，尽管他同样有更多赚钱的机会，但是他却欣然接受了这份工作，并且对我的朋友说他并不在意现在薪水的高低，他希望能够跟公司一起成长以便学到更多的知识。我的朋友对我说这是一个很好的年轻人，将来一定会有所作为的。当他将这个决定告诉我时，我问他："如此低的薪水，你不觉得太吃亏了吗？难道你不想赚更多的钱吗？你不觉得自己是廉价劳动力吗？"

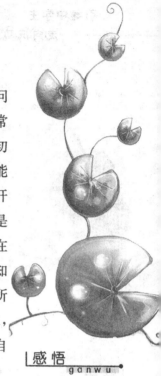

他说："我当然想赚更多的钱，400 美元的薪水也确实不高，但我并不认为自己是廉价劳动力，因为我对你朋友的印象十分深刻，我觉得只要能从他那里多学到一些本领，这将增长我的经验，对我是有好处的，这是我所看重的，就算薪水低一些也是值得的。从长远的眼光来看，我在那里工作将会更有前途。我不能为了眼前的芝麻放弃长远的西瓜。老师您觉得呢？"我还能说什么呢？

那是 4 年以前的事情了。现在他们的情况怎么样呢，你一定很期望知道，他们后来的发展如何？两个学生究竟谁的决断对呢？第一位学生当时在另一家公司的薪水是年薪 7 200 美元，目前他也只能赚到 8 750 美元，而最初年薪只有 4 800 美元的唐克，现在的固定薪酬是 20 000 美元，外加红利。现在你明白究竟谁更聪明了吧！

三条毛毛虫的故事

这里我们讲一个有关三条毛毛虫的故事。

第一条毛毛虫

话说第一条毛毛虫。有一天爬呀爬呀爬过山越过河，终于来到一棵苹果树下。它并不知道这是一棵苹果树，也不知树上长满了红红的苹果。当它看到同伴们往上爬时，不知所以地就跟着往上爬。没有目的，不知终点，更不知生为何求、死为何所，只知道不停地跟着大家爬。

它的结局会怎样呢？也许它找到了一只红红的大苹果，不仅美美地吃了一顿，并就此将这苹果当做了自己的家，从此幸福地过了一生；也可能它在树叶中迷了路，找不到寻找美味的正确道路，就此颠沛流离度过一生。不过可以确定的是，大部分的虫都是这样活着的，庸庸碌碌一生，也不去烦恼什么是生命的意义，倒也轻松许多。

第二条毛毛虫

有一天，第二条毛毛虫也翻山越河爬到了这棵苹果树下。它知道这是一棵苹果树，并且知道上面长着又大又甜的苹果，它确定它的"虫生目标"就是找到一个大苹果，过上幸福的生活。问题是它并不知道大苹果会长在什么地方。于是它猜想：大苹果应该长在大枝叶上吧！于是它就慢慢地往上爬，遇到分枝的时候，就选择较粗的树枝继续爬，因为来时它已经请教过它的朋友们了。当然在这个毛虫社会中，也存在考试制度，如果有许多虫同时选择同一个分枝，就要举行考试来决定谁才有资格爬上大树枝。好在这条毛毛虫平时很用功，作了充分的准备一路过五关斩六将，每次都能选上最好的树枝，可谓一条

毛毛虫的故事栩栩如生地描述了普通人一生中的盲目和艰苦的追求。我们的一生由于不清楚而选择错误，如果你没有纳入一个双赢或多赢的系统，你的成功道路是不会平坦的。

"有才"之虫，最后它从一枝名为"大学"的树枝上，找到了一只大苹果。不过它发现这只大苹果并不是树上最大的，顶多只能称是局部最大。因为在它的上面还有一只更大的苹果，号称"老板"，是由另一条毛毛虫爬过一根名为"创业"的树枝才找到的。令它泄气的是，这个创业分枝是它当年不屑于爬的一丫细小的树枝。为此它三天没有吃饭来反思这件事情。

第三条毛毛虫

接着，第三条毛毛虫也来到了这棵苹果树下。这条毛毛虫相当了得，小小年纪，却已经懂得了科技是第一生产力的道理，用科技武装自己，瞧，自己研制了一副望远镜。在还未开始爬时，就先利用望远镜搜寻一番，经过多角度观测，终于找到了一只超大苹果，看着就那么诱人。同时，它发觉当从下往上找路时，会遇到很多分枝，有各种不同的爬法，但若从上往下找路时，却只有一种爬法。

它很细心地从苹果的位置，由上往下反推至目前所处的位置，记下这条确定的路径。于是，它开始往上爬，当遇到分枝时，它一点也不慌张，因为它知道该往哪条路走，不必跟着一大堆虫去挤破头。譬如说，如果它的目标是一只名叫"教授"的苹果，那应该爬"升学"这条路；如果目标是"老板"，那应该爬"创业"这分枝；若目标是"政客"，也许早就该寻"政治"这条路了，总之，成竹在胸，不必慌张。

最后，这条毛毛虫应该会有一个很好的结局，因为它已具备了先觉的条件了。但也许会有一些意外的结局出现，因为毛毛虫的爬行相当缓慢，从预定苹果到抵达时，需要一段时间。当它抵达时，也许苹果已被别的虫捷足先登，也许苹果已熟透而烂掉了。

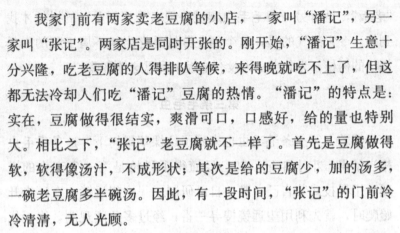

·两家豆腐店·

我家门前有两家卖老豆腐的小店，一家叫"潘记"，另一家叫"张记"。两家店是同时开张的。刚开始，"潘记"生意十分兴隆，吃老豆腐的人得排队等候，来得晚就吃不上了，但这都无法冷却人们吃"潘记"豆腐的热情。"潘记"的特点是：实在，豆腐做得很结实，爽滑可口，口感好，给的量也特别大。相比之下，"张记"老豆腐就不一样了。首先是豆腐做得软，软得像汤汁，不成形状；其次是给的豆腐少，加的汤多，一碗老豆腐多半碗汤。因此，有一段时间，"张记"的门前冷冷清清，无人光顾。

有一天早上，因为我起床晚了，看到"潘记"的长蛇阵，为了上班不迟到，只好来到"张记"的豆腐店。吃完了一碗老豆腐，老板走过来，笑着问我豆腐怎么样。我实话实说："味道还行，就是豆腐有点软。"老板笑了笑，竟然有几分满意的样子。我不解地问道："你怎么不学学'潘记'呢？"老板看着我说："学他什么呀？"我说："把豆腐做得结实一点呀。"老板反问我："我为什么要学他呢？"沉思了一下，老板自我解释说："我知道了，你是说，来我这边吃豆腐的人少，是吗？"我点点头。老板建议我两个月以后再来，看看是不是会有变化。我想老板准是想用什么高招，来打败"潘记"。

大概一个多月以后，"张记"的门前居然真的也排起了长队。我好奇，也排队买了一碗，想知道老板究竟使了什么高招，使自己的小店起死回生，然而看看碗里的豆腐，仍然是稀稀的汤汁，和以前没什么两样，吃起来，仍是以前的口感。

老板脸上仍然挂着憨厚的笑。我笑着问他："能告诉我这其中的秘诀吗？"老板说："不瞒你说，其实，我和'潘记'的老板是师兄弟。"我有些惊讶："可你们做的豆腐不一样呀。"

老板说："是不一样。我师兄——'潘记'做的豆腐确实好，我真比不上，但我的豆腐汤是用肉、骨头，配上调料，经过几个小时熬制而成，师兄在这方面就不如我了。"

见我还有些不解，老板继续解释："这是我师傅特意传授给我们的。师傅说，生意要想长远，就要有自己的特长。师傅还告诉我们，'吃'的生意最难做，因为众口难调，人的口味是不断变化的，即使是山珍海味，经常吃也会烦，因此师傅传给我们不同的手艺。这样，人们吃腻了我师兄的豆腐，就会到我这里来喝汤。时间长了，人们还会回到我师兄那里。再过一段时间，人们又会来我这里。这样我们师兄弟的生意就能比较长远地做下去，并且互不影响。"

我试探地问："你难道就不想跟师兄学做豆腐吗？"老板却说："师傅告诉我们，能做精一件事就不容易了。有时候，你想样样精，结果样样差。"

"张记"老板的这番话，我认为除了和老豆腐有关外，和一个人的择业、一个人一辈子的坚守似乎都有些关联……

不要往前后左右看

杰克，是一个有理想、有抱负的青年。他喜欢创作，立志当个大作家，像山姆一样。山姆是杰克崇拜的大作家。杰克常常在杂志上看见山姆的名字。杰克发现：山姆非常高产，出道几年，已经二三十部作品问世了；并且，创作风格多样化；再有，从作品涉及的内容看，其人的知识、见识极其广博。以山姆为偶像，杰克开始了文学创作。慢慢地，杰克也能发表作品了。杰克高兴地努力地写呀写，从趋势上看，他是进步的。然而，写了几年后，杰克沮丧地发现：自己要想赶上山姆，简直是白日做梦。山姆酷似一台创作机器，任意翻开一册新一期的杂志，几乎都可以看见山姆的名字。杰克心想，我就是每天不

睡觉也写不出这么多的作品来。另外，山姆那多样化的创作风格，可以吸引有着不同欣赏癖好的读者，而自己，仅有一种创作风格。最可怕的是，山姆犹如一个无所不知无所不晓的"万事通"，而自己，相比之下，显然懂得太少了。杰克开始怀疑自己了，怀疑自己的才气，怀疑自己的学识，怀疑自己是不是文学创作这块料，怀疑自己能否在这条路上有大发展……

在种种怀疑中，杰克信心尽失，慢慢地，他开始远离了创作。尽管他很喜欢创作，但面对"山姆"这座他永远无法企及的高山，他决定死心塌地做了一名运输垃圾的司机，当一个普通人，忘记曾经的梦想。杰克原本是一个活泼、热情、开朗，对生活充满信心的人，但因为丢掉了梦想，远离了创作，他开始变得不爱说话，变得木讷，在奔向垃圾处理场的路上，杰克老了。

这一天，老杰克到一家杂志社去运垃圾，那其实是一些滞销旧杂志。老杰克随手拾起了一册翻了翻，又看见了山姆的名字。忽然，老杰克脑子里闪过一个念头，想跟杂志社的人打听打听山姆的情况。事实上，虽然杰克对山姆无比崇拜，将他作为自己的偶像，并读过许多山姆写的作品，但是除了山姆的名字和他的作品，老杰克对山姆本人是一无所知的。杰克问杂志社里的工作人员："请问哪一位是山姆啊？我读过他的许多作品，特别崇拜他，特别佩服他能在短短几年时间里写那么多作品，并且见识广博，我想见见他可以吗？"杂志社的人笑着告诉老杰克："杂志社没有这个人，山姆这个人根本不存在。我们杂志社把作者姓名不详的文章，一概署名为山姆。其他的杂志社也有这个习惯。所以，山姆的名字常常出现在杂志上。"

话未说完，老杰克已然惊得不能动弹了。原来，让他信心尽失，理想破灭，一生黯淡的，竟是一个根本不存在的人。

感悟 ganwu

目标一定要是合适的。为自己创造出一个无所不能的对手作为自己的目标，又因为目标的高度是自己根本无法企及的，最终只能是自己击垮了自己。

海马的焦虑

有一只小海马，非常辛勤，爱劳动，每天从早到晚工作，经过几年的努力，它攒起了七枚金币，这是它的全部家当。

有一天小海马做了一个奇异的梦，在梦里它见到了天神，天神感念它辛勤劳动，于是指引它，来到七座山的面前，对它说从此以后这七座山就属于小海马了。说完之后天帝就消失了，这时小海马发现这七座山全是金山。金山上的金子，熠熠生辉，望着这数不尽的金子，小海马忍不住躺在金山上开怀大笑。

从美梦中醒来，小海马觉得这个梦是一个神秘的启示：这是上帝在暗示它，尽管它现在全部的财富只是七个金币，但总有一天，这七个金币会变成七座金山，它要去寻找梦中的那七座金山，它要实现它的梦。

于是它毅然决然地离开了自己的家，带着仅有的七个金币，去寻找梦中的七座金山。虽然它并不知道七座金山到底在哪里，但它想总有人会知道的，它可以边走边打听，没有什么可以阻止它的脚步，只要坚持不懈就一定会找到。

海马是竖着身子游动的，游得很缓慢。它在大海里艰难地游动，心里一直在想：也许那七座金山会突然出现在眼前。就是这个信念支持着它不断前行，它相信自己总有一天会实现梦想。

然而金山并没有出现。出现在眼前的是一条鳗鱼。鳗鱼问："海马兄弟，看你匆匆忙忙的，你干什么去？"海马骄傲地说："我去寻找七座金山，属于我自己的七座金山，那是天神

感悟 gǎnwu

一个人如果没有明确的目标就会失去方向，前进便没有动力，但如果这个目标不切实际而盲目实行，那么最终也无法取得好的结果。行动不仅要有目标而且要切合实际，切不可盲从。

给我的，我要找到它们，只是……我游得太慢了。你有没有什么办法帮助我？""那你真是太幸运了。对于如何提高你的速度，我恰好有一个完整的解决方案。"鳗鱼说，"只要你给我四个金币，我就给你一个鳍，有了这个鳍，你游起来就会快得多。"海马觉得这个方法太好了，马上用四个金币换来鳍带在自己身上，发现自己游动的速度果然提高了一倍。海马欢快地游着，心里想，也许金山马上就出现在眼前了。

然而金山并没有出现，出现在海马眼前的是一只水母。水母问："小海马，看你急匆匆的样子，你想要到哪里去？"海马骄傲地说："我去寻找七座金山，属于我自己的七座金山，那是天神给我的，我要找到它们，只是……我游得太慢了。你有没有什么办法帮助我？""那你真是太幸运了。对于如何提高你的速度，我有一个完善的解决方案。"水母说，"你看，这是一个喷气式快速滑行艇，你只要给我三个金币，我就把它给你。它可以在大海上飞快地行驶，你想到哪里就能到哪里。"海马觉得这方法很不错，于是就用剩下的三个金币买下了这个小艇。它发现，这个神奇的小艇使它的速度一下子提高了五倍。它想，用不了多久，金山就会马上出现在眼前了。

然而金山还是没有出现，出现在海马眼前的，是一条大鲨鱼。大鲨鱼对它说："你太幸运了。对于如何提高你的速度，我恰好有一套彻底的解决方案。我本身就是一条在大海里飞快行驶的大船，你要搭乘我这艘大船，你就会节省大量的时间。"大鲨鱼说完，就张开了大嘴。

"那太好了。谢谢你，鲨鱼先生！"小海马一边说一边钻进了鲨鱼的口里，向鲨鱼的肚子深处欢快地游去……

贼

有一位青年画家，在还没成名时，住在一间狭窄的小房子里，房子里只有一张桌子、一把椅子和一张床，仅此而已，可谓简陋。画家没有名气，只能靠在路边为人画像维持生计，勉强糊口。一天，一个富人经过，看见他的画工细致，很喜欢，便请他帮忙画一幅人像。双方约好酬劳是1万元。

一个星期后，人像完成了，富人依约前来拿画。这时富人心里起了歹念，欺他年轻又未成名，不肯按照原先的约定付给酬劳金。富人心中想着："画中的人像是我，这幅画如果我不买，那么，绝没有人会买。我又何必花那么多钱来买呢？"

于是富人赖账，他说只愿花3 000元买这幅画。青年画家傻住了，他从来没碰到过这种事，心里有点慌，花了许多唇舌，向富人据理力争，他说："我们双方当初约好是1万块钱，希望您能遵守约定，做个有信用的人。"富人颇不讲理地说："我只能花3 000元买这幅画，你别再啰唆了。你的画根本不值一文，给你3 000块钱已经不少了。"富人认为他占据上风："我最后问你一句：3 000元，卖不卖？"

青年画家知道富人故意赖账，心中愤愤不平，他以坚定的语气说："不卖。我宁可不卖这幅画，也不愿受你的侮辱。今天你失信毁约，将来一定要你付出20倍的代价。""笑话，20倍，是20万耶！我才不会笨得花20万买这幅画。你就等着吧！""那么，我们等着瞧好了。"青年画家对悻悻然离去的富人说。

经过这一事件的刺激后，画家搬离了那个伤心地，决心重新拜师学艺，日夜苦练。皇天不负苦心人，十几年后，他终于闯出了一片天地，在艺术界成为一位知名的人物，许多人慕名前来求画。那个富人呢？自从离开画室后，第二天就把画家的画和话淡忘了。

直到有一天，富人的好几位朋友不约而同地来告诉他："好友！有一件事好奇怪喔！这些天我们去参观一位知名艺术家的画展，其中有一幅画不二价，画中的人物跟你长得一模一样，标示价格20万。好笑的是，这幅画的标题竟然是——贼。"

好像被人当头打了一棍，富人想起了十多年前画家的事。这件事对自己的伤害太大了，要知道他也是个有头有脸的人物，要是被人知道了那件不光彩的往事，一定会使他名誉扫地的，到时将没有人愿意和他做生意、交往。想到这严重的后果，他立刻连夜赶去找青年画家，向他道歉，并且花了20万买回那幅人像画。青年画家凭着一股不服输的志气，终于让富人低了头。

第4章

读万卷书，行万里路

想得好是聪明，计划得好是更聪明，做得好是最聪明。

——拿破仑

目标是重要的，但任何伟大的目标、伟大的计划，最终必然落实到行动上。成功开始于明确的目标，成功开始于心态，但这只相当于给你的赛车加满了油，弄清了前进的方向和路线，要抵达目的地，还得把车开动起来，并保持足够的动力。

不管你决定做什么，不管你为自己的人生设定了多少目标，决定你成功的永远是你自己的行动。只有行动才能赋予生命以力量，只有你的行动才能决定你的价值。

播下一个行动，你将收获一种习惯；播下一种习惯，你将收获一种性格；播下一种性格，你将收获一种命运。

·谁会吃掉面包·

三个旅行者徒步穿越喜马拉雅山,他们一边走一边谈论一堂励志课上讲到的凡事必须付诸实践的重要性。他们谈得津津有味,以至于没有意识到天太晚了,等到饥饿时,才发现仅有的一点食物就是一块面包。

这三个人决定不讨论谁该吃这块面包,他们要把这个问题交给老天来决定。这个晚上,他们在祈祷声中入睡,希望老天能发一个信号过来,指示谁能享用这份食物。

第二天早晨,三个人在太阳升起时醒来,又在一起谈开了——

"我做了一个梦,"第一个旅行者说,"梦中我到了一个从未去过的地方,享受了有生以来我一直孜孜以求而从未得到的平静与和谐。在那个乐园里面,一个长着长长胡须的智者对我说:'你是我选择的人,为了证明我对你的支持,我想让你去品尝这块面包。'"

"真奇怪,"第二个旅行者说,"在我的梦里,我看到了自己神圣的过去和光辉的未来。当我凝视这即将到来的美好时,一个智者出现在我面前,说:'你比你的朋友更需要食物,因为你要领导许多人,需要力量和能量。'"

然后,第三个旅行者说:"在我的梦里,我什么都没有看见,哪儿也没有去,也没有看见智者。但是,在夜晚的某个时候,我突然醒来,吃掉了那块面包。"

其他两位听后非常愤怒:"为什么你在做出这项自私的决定时不叫醒我们呢?"

"我怎么能做到? 你们俩都走得那么远,找到了大师,又

发现了如此神圣的东西。昨天我们还在讨论励志课上学到的要采取行动的重要性呢。只是对我来说，老天的行动太快了，在我饿得要死时及时叫醒了我！"

改变自己生命的三个字

有一个叫 G. 戈斯泰罗的小伙子，经过多年的服役生涯，从加拿大军队退役了。那是在 1946 年，他搬进了尼亚加拉瀑布市。和部队衣食不愁的生活有所不同，为了在社会上生活，他必须马上出去找一份工作，接着，他在安大略省水电委员会里当上了机械师。工作进展得很顺利，他十分开心。18 个月后的一天，老板找到他，郑重地说，有个好消息告诉他——他升职了，做班长，主要负责厂里的重型柴油机。

"从那个地方、那个时候起，"戈斯泰罗先生说，"我不禁开始担心。我曾是一个快乐的机械师，当班长，对一般人来说，可能是求之不得的好事，但是对我这样一个生性逍遥的人来说，却是个灾难。身上的责任压得我透不过气来。我再也不像以前那样快乐了，焦虑无时无刻不困扰着我，不管我是睡着了，还是醒着；也不管我是在家里，还是在厂里，我都能感觉到责任带给我的沉重，简直让我窒息。

"后来，我心里最害怕的事终于发生了——发生了一个大事故。那天，我朝砾石坑走去，照理，那儿应该有四台牵引车带动四台巨大的削刮机在工作。但非常奇怪，周围静悄悄的，寂静得有点让人恐惧。很快地我明白了，四台巨型牵引车全坏了！我立刻感到前所未有的恐惧在身边弥漫。

"如果说我以前也担心过什么事的话，和那一刻比，全不

算事儿。我的脑袋好像开锅了，还咕嘟咕嘟地直冒泡。我找到经理，告诉他这个坏消息，说四台牵引车全坏了。我不顾一切地一口气说完，心里不断地祈祷，如果这些都不管用，那就只好等着天塌下来了。

"可是出乎我的意料，天没塌。经理转过身来，脸上挂着微笑，看着我说了三个字。假如我能活一千岁的话，我都不会忘了这三个字，永远不会。它们是：'修好它！'

"就在那个地方、那一刻，我所有的忧虑、害怕、担心全部烟消云散，世界又恢复了老样子。我走了出去，抓起工具，立刻开始修那几台牵引车。

"修好它，是多么神奇的三个字啊！它标志着我生命的转折点，它改变了我对工作的想法，不错，有什么解决不了的事情，天怎么会塌呢？从那天起，每天我都默默地感谢那位经理，是他让我不但对工作有热情，而且有了更坚定的信心。我知道，如果有一天什么事搞糟了，我会亲自出马，把它们理顺，而不是在那里瞎担心。只要有解决问题的决心和勇气，没有什么好值得担心的。毫无意义的杞人忧天是多么的愚蠢！"

正是由于那位经理非凡的意识，让一直处于责任的窒息中无法解脱，不知如何是好的 G. 戈斯泰罗先生明白了，成熟人格要求我们具备采取行动的能力：作决定并实施它！用勇气和行动来击败所谓的担心和恐惧才是真正有力量的行动，也才是真正有意义的！

感悟 gonwu

锻炼自己即刻行动的能力，充分利用对现时的认知力。不要沉浸在过去，也不要沉溺于未来，要着眼于今天。脚踏实地，注重眼前的行动，告诉自己立刻行动。

神秘之结

公元前223年冬天，马其顿亚历山大大帝进兵亚细亚。当他到达亚细亚的弗尼吉亚城时，听说城里有个著名的预言：几百年前，弗尼吉亚的戈迪亚斯王在其牛车上系了一个复杂的绳结，并宣告谁能解开它，谁就会成为亚细亚王。自此以后，每年都有很多人来看戈迪亚斯打的结。各国的武士和王子都来试解这个结，可总是连绳头都找不到，他们甚至不知道从何处着手，大多数人只是看看而已，从没有一个人静下心来想方设法解开这个难解之结。亚历山大对这个预言非常感兴趣，命人带他去看这个神秘之结。幸好这个结尚完好地保存在朱庇特神庙里。

|感悟
ganwu

行动，也只有行动，才是医治"行动恐惧症"的唯一良方。

亚历山大仔细观察着这个结，许久许久，始终连绳头都找不着，亚历山大不得不佩服戈迪亚斯王。这时，他突然想到：为什么不用自己的行动规则来解开这个绳结呢？于是，亚历山大拔出剑来，对准绳结，狠狠地一剑把绳结劈成了两半，这个保留了数百载的难解之结，就这样轻易地被解开了。

准 备

当我终于忐忑地站在这扇金碧辉煌的旋转门前时，虽然只有几步之遥，但是在内心里，我却无法丈量自己与这道门的间距。于是我在它面前足足站了5分钟，在这短暂而又漫长的5分钟里，我静静地观察那些各种肤色的人如何从容地迈上台阶，毫无闪失地踱进转门，进入到另一种世界。这里就是五星级标准的长城饭店，它像西方小说里盛装赴宴的贵妇人，辉煌

而傲慢，让人可望而不可即，而我则要穿过它的转门，去谋求一份职业，这段路，是一个未知的旅程。

那是在 1985 年，我有相当充足的需要和理由要走进这扇转门。为了离开原来毫无生气甚至满足不了温饱的护士职业，我只好凭着一台收音机，花了一年半时间学完了许国璋英语全部三年的课程，用尽一切努力学习，为自己充电，就是为了重新找到一个起点，寻找一个有希望的未来。为了我的希望和憧憬，我一直耐心守候着机遇的到来。

我鼓足勇气，努力克服心中的犹豫不决和胆怯，穿过那威严的转门和内心的召唤，走进了世界最大的信息产业公司 IBM 公司的北京办事处。如果说面试像一面筛子，那么经过两轮严格的笔试和一次同样严格的口试，我都顺利地滤过了严密的网眼。最后，出乎意料的，主考官问我会不会打字，我想都没有想，条件反射地说："会！"

"那么你一分钟能打多少？"主考官严肃地问我。

"您的要求是多少？"我立刻询问。

主考官说了一个标准，我马上承诺说我可以，其实，不管他说多少，我都一定会承诺说可以的，因为在回答他的那个时候，我根本还没有接触过打字，但是我必须争取一个考试的机会，然后拼命学会来及时应对。因为我环视四周，发觉考场里没有一台打字机，心里想，他一定会让我下次再操作打字，果然，主考官说下次录取时再加试打字。我高兴极了，因为我终于赢得了一个可以学习然后考试的机会，而不至于还没有试过就被淘汰。

就像我面对打字这个考试要求时心里所想的一样，实际上，以我的经历和经济条件，我从未有必要，也不可能有条件

有时候你的准备也许是不够的，你永远都不会知道什么是需要掌握而自己未掌握的，唯一的办法就是立刻行动，只要立刻行动，一切都还是来得及的，也许你会发现，情急之下，你的潜能是无限的。

摸过打字机。所以面试一结束,我就飞也似的跑回去,向亲友借了170元从商店买了一台打字机,没日没夜地敲打了一星期,双手疲乏得连吃饭都拿不住筷子,但是,值得庆幸的是,经过这一个星期的时间,我竟奇迹般地敲出了专业打字员的水平,连我自己都讶异不已。尽管以后好几个月我才还清了这笔对当时的我来说不小的债务,但是IBM公司却一直没有考我的打字功夫。这件事情,我到现在仍然记得,但是我从不后悔曾经在匆忙之中逼迫练习打字的努力,没有当初的奋发努力,就没有今天的自己。这个道理,相信不管是谁都会相当清楚。

我就这样成了这家世界著名企业的一名最普通的员工,跨过了那扇我最初在它前面踌躇了5分钟,金碧辉煌的旋转门,一直走到了今天。当然,直到今天,虽然已经无数次地走过了那扇旋转门,但是,每一次走过,我都会回想起当初在它面前徘徊的自己,还有跨进那扇门的勇气,正是那时候培养和收获的勇气和自信陪伴我一直走到今天,一步步接近并实现着自己的梦想。

人生的圆圈

记得大约10年前,我还在一家普通的电话推销公司作为业务员接受推销电话的培训。主管有一次在培训课上用图诠释了一个人生寓意,至今我仍然牢记于心。只见他首先在黑板上画了一幅图:在一个圆圈中间站着一个人。接着,他在圆圈的里面加上了一座房子、一辆汽车、一些朋友。很简单的一幅图,在画完之后,主管开始讲述它的寓意。

主管说:"这是你的舒服区。这个圆圈里面的东西对你至

关重要：你的住房、你的家庭、你的朋友，还有你的工作。在这个圆圈里头，人们会觉得自在、安全，远离危险或争端，在这里，你会拥有安全感、舒适感和归属感。当然，这是我们每个人都需要的，也是不可或缺的。"

接着，主管大声问道："现在，谁能告诉我，当你跨出这个圈子后，会发生什么？"教室里顿时鸦雀无声，一位积极的学员打破沉默："会害怕。"另一位学员认为："会出错。"这时主管又微笑着接着说："当你犯错误了，其结果是什么呢？"最初回答问题的那名积极的学员大声答道："我会从中学到东西。"

"正是！你也许会犯错，但是你会从错误中学到东西。当你离开舒服区以后，你学到了你以前不知道的东西，你增加了自己的见识，开阔了自己的视野，所以你成长了，也进步了。"主管再次转向黑板，在原来那个圈子之外画了个更大的圆圈，还加上些新的东西，比如更多的朋友、一座更大的房子等等很多的东西。看到主管接着所画的圆圈，我们似乎明白了什么。

没错，正如主管所说的，如果你老是在自己的舒服区里头打转，你就永远无法扩大你的视野，永远无法学到新的东西，因为你根本不需要适应，不需要新的学习，你面对的是熟悉的环境，丝毫没有挑战性的事情和情境，你会感觉到无比的安逸和舒适，所以不想离开。但是人不能永远只在自己的舒服区里，你会永远也没有机会面对新的情境，没有机会接受新的挑战，没有机会锻炼自己和看看自己的潜能。只有当你跨出舒服区以后，你才能使自己人生的圆圈变大，你才能在接受各种挑战、解决各种困难的过程中使自己成长，你才能有机会把自己塑造成一个更优秀的人。走不出第一个圆圈的人，永远不可能

感悟 gǎnwù

永远不走出第一个圈的话，人生等于说是故步自封，勇敢地走出"习惯"的束缚，也是一种勇敢。

看到外面的世界，就像儿时课文中的"井底之蛙"那么可怜和可悲。

这么多年过去了，那时的培训课上究竟还讲了什么内容，我已经记不清楚了，但是，唯有这个图解寓意，直到今天我还是记忆犹新，它提醒我要善于走出自己的"舒服区"，勇于挑战自己，不能安于现状，走出去，我们的人生才能有更广阔的天地和更加美好的风景，难道不是这样吗？

从零做起

大概是40年前，福建省的某一个贫穷的乡村里，住了兄弟两人。贫穷的乡村里道路不通，经济凋敝，大家的温饱都很难维持，他们忍受不了穷困的环境，抱着对未来的憧憬和对外面世界的向往，便毅然决定离开祖祖辈辈辛勤劳作却一贫如洗的家乡，到海外去谋发展，临走时，他们依依不舍，彼此祝福，希望在异国他乡能够找到一口饱饭，过上安稳的日子，再也不用像今天在家乡一样忍饥挨饿。在他们两人的命运中，大哥好像幸运些，被像奴隶般卖到了富庶的旧金山，弟弟则被卖到比中国更为穷困的菲律宾。

40年之后，兄弟俩又幸运地聚在一起。谁都没有想到，昔日为了温饱要脱离家乡的兄弟俩，今日已经今非昔比，再也不是当年那个没衣穿没饱饭吃的兄弟俩了。做哥哥的当了旧金山的侨领，拥有两间餐馆、两间洗衣店和一间杂货铺，而且子孙满堂，有些承继衣钵，又有些成为杰出的工程师或电脑工程师等科技专业人才，在富裕而且悠闲的环境中享受着天伦之乐。

而他那个被卖到贫穷菲律宾的弟弟呢？是不是已经沦落到去当乞丐了呢？当然不是，不仅不是，他还居然已经成了一位享誉世界的银行家，拥有东南亚相当分量的山林、橡胶园和银

感悟
ganwu

影响我们人生的绝不仅仅是环境和心态，重要的还是自己的勤勉与实干。实干决定了一个人的成功，实干的程度决定了一个人成功的大小。

行，无论声望还是财富都让一般人难以望其项背，成为了无数人的偶像，当然也成为了他哥哥羡慕的对象。当然，毋庸置疑，经过几十年的努力，他们都成功了。但是为什么兄弟两人在事业上的成就，却有如此的差别呢？对于这个问题，大家都很好奇。

分别了几十年的兄弟好不容易聚头，不免谈到分别以来的遭遇。哥哥叹了口气，慢慢地说，我们中国人到白人的社会，既然没有什么特别的才干，唯有用一双手煮饭给白人吃，为他们洗衣服，帮他们服务养活自己维持生存。总之，白人不肯做的工作，我们华人统统顶上了，生活是没有问题的，但事业却不敢奢望了。例如我的子孙，书虽然读得不少，也不敢妄想，唯有安安分分地去担当一些中层的技术性工作来谋生。至于要进入上层的白人社会，相信很难办到，毕竟我们只是靠手艺或者技术吃饭的外来人。

看见弟弟这般成功，做哥哥的不免羡慕弟弟的成就和幸福。但是弟弟却说，幸运是没有的。初来菲律宾的时候，只是担任些低贱的工作，又苦又累，那段日子真是不堪回首。但他发现当地的人有些是比较愚蠢和懒惰的，于是便顶下他们放弃的事业，慢慢地不断收购和扩张，生意便逐渐做大了。经过一年年的奋斗，终于有了今天的财富和地位，达到了自己的目标和梦想。

·和尚的创业之道·

两个和尚分别住在相邻两座山上的庙里，这两座山之间有一条河，两个和尚每天都会在同一时间下山去河边挑水，久而久之便成了朋友。

不知不觉五年过去了，突然有一天，左边这座山的和尚没有下山挑水，右边那座山的和尚心想："他大概睡过头了。"没太在意。哪知第二天，左边这座山的和尚还是没有下山挑水。一个星期过去了，右边那座山的和尚心想："我的朋友可能生病了，我要过去看望他，看看能帮上什么忙。"等他看到老友之后，大吃一惊，因为他的老友正在庙前打太极拳，一点儿也不像一个星期没喝水的样子。他好奇地问："你已经一个星期没下山挑水了，难道你可以不用喝水吗?"朋友带他走到庙的后院，指着一口井说："这五年来，我每天做完功课后都会抽空挖这口井，即使有时很忙，能挖多少算多少。如今，终于让我挖出了水，我就不必再下山挑水去了，可以有更多的时间练我喜欢的太极拳了。"

把行动和空想结合起来

一年夏天，一位来自马塞诸塞州的乡下小伙子登门拜访年事已高的爱默生。小伙子自称是一个诗歌爱好者，从 7 岁起就开始进行诗歌创作，但由于地处偏僻，一直得不到名师的指点，因仰慕爱默生的大名，故千里迢迢前来寻求文学上的指导。

这位青年诗人虽然出身贫寒，但谈吐优雅，气度不凡。老少两位诗人谈得非常融洽，爱默生对他非常欣赏。

临走时，青年诗人留下了薄薄的几页诗稿。

爱默生读了这几页诗稿后，认定这位乡下小伙子在文学上将会前途无量，决定凭借自己在文学界的影响大力提携他。

爱默生将那些诗稿推荐给文学刊物发表，但反响不大。他希望这位青年诗人继续将自己的作品寄给他。于是，老少两位诗人开始了频繁的书信来往。

青年诗人的信长达几页，大谈特谈文学问题，激情洋溢，才思敏捷，表明他的确是个天才诗人。爱默生对他的才华大为赞赏，在与友人的交谈中经常提起这位诗人。青年诗人很快就

感悟
ganwu

爱默生告诫我们："当一个人年轻时，谁没有空想过？谁没有幻想过？想入非非是青春的标志。"但是，未来是需要我们自己努力的，我们不仅仅是需要一对幻想的翅膀，更需要一双踏踏实实的脚！

在文坛有了一点小小的名气。

但是，这位青年诗人以后再也没有给爱默生寄诗稿来，信却越写越长，奇思异想层出不穷，言语中开始以著名诗人自居，语气越来越傲慢。

爱默生开始感到了不安。凭着对人性的深刻洞察，他发现这位年轻人身上出现了一种危险的倾向。

通信一直在继续。爱默生的态度逐渐变得冷淡，成了一个倾听者。

很快，秋天到了。

爱默生去信邀请这位青年诗人前来参加一个文学聚会。他如期而至。

在这位老作家的书房里，两人有一番对话：

"后来为什么不给我寄稿子了？"

"我在写一部长篇史诗。"

"你的抒情诗写得很出色，为什么要中断呢？"

"要成为一个大诗人就必须写长篇史诗，小打小闹是毫无意义的。"

"你认为你以前的那些作品都是小打小闹吗？"

"是的，我是个大诗人，我必须写大作品。"

"也许你是对的。你是个很有才华的人，我希望能尽早读到你的大作品。"

"谢谢，我已经完成了一部，很快就会公之于世。"

文学聚会上，这位被爱默生所欣赏的青年诗人大出风头。他逢人便谈他的伟大作品，表现得才华横溢，咄咄逼人。虽然谁也没有拜读过他的大作品，即便是他那几首由爱默生推荐发表的小诗也很少有人拜读过。但几乎每个人都认为这位年轻人必将成大器。否则，大作家爱默生能如此欣赏他吗？

转眼间，冬天到了。

青年诗人继续给爱默生写信，但从不提起他的大作品。信

越写越短，语气也越来越沮丧，直到有一天，他终于在信中承认，长时间以来他什么都没写。以前所谓的大作品根本就是子虚乌有之事，完全是他的空想。

他在信中写道："很久以来我就渴望成为一个大作家，周围所有的人都认为我是个有才华有前途的人，我自己也这么认为。我曾经写过一些诗，并有幸获得了阁下您的赞赏，我深感荣幸。

"使我深感苦恼的是，自此以后，我再也写不出任何东西了。不知为什么，每当面对稿纸时，我的脑中便一片空白。我认为自己是个大诗人，必须写出大作品。在想象中，我感觉自己和历史上的大诗人是并驾齐驱的，包括和尊贵的阁下您。

"在现实中，我对自己深感鄙弃，因为我浪费了自己的才华，再也写不出作品了。而在想象中，我是个大诗人，我已经写出了传世之作，已经登上了诗歌的王位。

"尊贵的阁下，请您原谅我这个狂妄无知的乡下小子……"

从此以后，爱默生再也没有收到这位青年诗人的来信。

条件是可以努力创造的

杰米先生是个再普通不过的年轻人，大约二十几岁，有太太和小孩，收入并不多，像很多同条件的年轻人一样，杰米夫妇过着简朴的平凡日子。

尽管他们全家住在一间小公寓，但是夫妇两人做梦都渴望有一套属于自己的新房子。因为他们希望有较大的活动空间、比较干净的环境、属于自己的宽敞的卧室，小孩有地方玩而不至于到街上和小流氓混在一起，当然，同时也要增添一份产业。

不可否认，买房子的确很难，最主要的是必须有钱支付分期付款的头款才行。有一天，当他签发下个月的房租支票时，

突然很不耐烦，因为房租跟新房子每月的分期付款差不多，这样下去，还不如自己买一套新房子呢，到时候就不用像这样过租房的日子了。

杰米跟太太商量说："下个礼拜我们就去买一套新房子，你看怎样？与其这样租房过日子，每月付着昂贵的租金，还不如自己买一套呢！"

"你怎么突然想到这个？"她好奇地问，"开玩笑！我们哪有能力！可能连头款都付不起！"妻子觉得杰米是不是疯了，竟然这么不切实际地幻想。

但是他已经下定决心："跟我们一样想买一套新房子的夫妇大约有几十万，其中只有一半能如愿以偿，一定是什么事情才使他们打消了这个念头。我们一定要想办法买一套房子。虽然我现在远不知道怎么凑钱，可是一定要想办法。"杰米坚定极了。

到了下一个礼拜，他们真的找到了一套两人都喜欢的房子，朴素大方又实用，头款是 1 200 美元。现在的问题是如何凑够 1 200 美元。他知道无法从银行借到这笔钱，因为这样会妨害他的信用，使他无法获得一项关于销售款项的抵押借款。

可是皇天不负有心人，他突然有了一个灵感，为什么不直接找承包商谈谈，向他私人贷款呢？这也并不是完全不可行的，为什么不试试呢？有了这个主意之后，他甚至有点激动了，自己竟然想到了这样的一个好主意。他真的这么做了。承包商起先很冷淡，由于他一再坚持，终于同意了。他同意杰米把 1 200 美元的借款按月交还 100 美元，利息另外计算。

现在他要做的是，每个月凑出 100 美元。夫妇两个想尽办法，一个月可以省下 25 美元，还有 75 美元要另外设法筹措。

这时杰米又想到另一个点子。第二天早上他直接跟老板解释这件事，他的老板也很高兴他要买房子了。

杰米说："彼恩先生，你看，为了买房子，我每个月要多

感悟
ganwu

如果你有了强烈的愿望，就要积极地迈出实现它的第一步，千万不要等待或拖延，也不必等待具备所有的条件。等待只能得到遗憾，行动才会收获成功！

赚75美元才行。我知道，当你认为我值得加薪时一定会加，可是我现在很想多赚一点钱。公司的某些事情可能在周末做更好，你能不能答应我在周末加班呢？有没有这个可能呢？"

老板对于他的诚恳和雄心非常感动，真的找出许多事情让他在周末工作十小时，就这样，经过长时间艰苦的工作，杰米终于如愿以偿挣够了所需的钱款，他们因此欢欢喜喜地搬进新房子了。正如杰米所说，可能有很多和他们一样的家庭一直想要有属于自己的房子，但是却只有很少的人能够实现自己的愿望，问题在哪里呢？有了美好而又强烈的愿望之后，能不能成功就看你能不能迈出关键的第一步了。俗话说得好：好的开始是成功的一半！

· 容易掌握的炼金术 ·

从前，泰国有个叫奈哈松的人，一心想成为大富翁，他想了很久，怎样才能在最快的时间里达到这一目标呢？有的说是挖个宝藏，有的说是去抢劫，还有的说等着捡钱包，还有很多人建议，他都觉得不可行。终于，他想到了：他觉得成功的捷径便是学会炼金术，再也没有比这个更可行、更快捷的方法了。想到这里，他激动极了，甚至都有点佩服自己聪明的脑瓜了。说干就干，于是，他把自己全部的时间、金钱和精力都用在了炼金术的实践中，妻子的屡次劝告他根本听不进去，不久，他便花光了自己的全部积蓄，家中变得一贫如洗，甚至连饭也吃不上了。妻子无奈，只得跑到父母那里诉苦，她父母决定帮女婿改掉这个恶习。他们对奈哈松说："我们已经掌握了炼金术，只是现在还缺少炼金的东西。你说该怎么办呢？"

"快告诉我，还缺少什么东西？"一听到这句话，奈哈松马上跳起来问道。

"我们需要3千克从香蕉叶下搜集起来的白色绒毛，这些

感悟 ganwu

现实生活中，人人都有梦想，都渴望成功，都想找到一条成功的捷径。其实，捷径就在你的身边，那就是勤于积累，脚踏实地，积极肯干。

111

绒毛必须是你自己种的香蕉树上的，等到收完绒毛后，我们便告诉你炼金的方法。"岳父母说完这句话就匆匆离开了。

奈哈松回家后立即将自己已荒废多年的田地全部种上了香蕉，为了尽快凑齐绒毛，他除了种自家以前就有的田地外，还开垦了大量的荒地。他只是一心想早日凑齐岳父母说的那些绒毛。

当香蕉成熟后，他小心地从每张香蕉叶下搜刮白绒毛，而他的妻子和儿女则抬着一串串香蕉到市场上去卖。就这样，10年过去了，他终于收集够了3千克的绒毛。这天，他一脸兴奋地提着绒毛来到岳父母的家里，向岳父母讨要炼金之术，岳父母让他打开了院中的一间房门，他立即看到满屋的黄金，而他的妻子和儿女都站在屋中。妻子告诉他，这些金子都是用他10年里所种的香蕉换来的，是真正属于他们自己的财富。面对满屋实实在在的黄金，奈哈松恍然大悟。从此，奈哈松丢掉他一直念念不忘的炼金梦，他努力劳作，终于像他曾经所希望的那样，成了一方富翁。

· 少壮须努力 ·

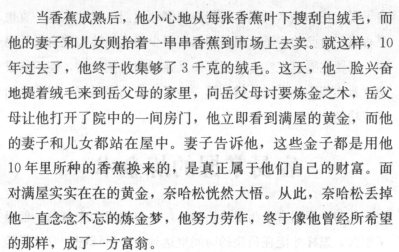

从前，有个流浪的艺人，虽然才四十几岁，但是骨瘦如柴，形容枯槁，于是他来到医院检查，医生给他诊断身体的结果是肝癌末期。临终前，他把年仅16岁的独子找来，叮咛着："你要好好读书，不要像我少壮不努力，老来没成就。我年轻时好勇斗狠，日夜颠倒，烟酒都来，正值壮年就得了绝症。你要谨记在心，不要再走我的老路。我没读什么书，没什么大道理可以教你，但你要记住把'少壮不努力，老来没成就'这句话传下去。"

说完，他就咽下了最后一口气，16岁的儿子却懵懵懂懂地站在一旁，完全不知道父亲临终前所说的这句话是什意思。

长大后，他儿子仍然在酒家、赌场闹事，有一次与客人起冲突，因出手过重而闹出人命，被捕坐牢。出狱后，无奈人事全非，他才发觉不能再走从前的老路，但苦于无一技之长，无法找个正当的工作，只好下定决心，回到乡下，靠做一些杂工维生，生活过得异常艰苦却别无他法。

由于他年轻时无法体会父亲交代的遗言，耽误终身大事，一直到年近半百才成婚。虽然年事渐长，逐渐能体会父亲临终前交代的话，但似乎为时已晚。他的体力一天不如一天，一年不如一年，面对着无法撑持起来的家，心里有着无限的忏悔与悲伤，不禁悔不该当初。

有个夜晚，他喝了点酒，带着酒意，把 16 岁的儿子叫到跟前。他先是一愕，这不就是当年 16 岁的自己吗！自己的儿子正像自己当年一样懵懂地站在自己面前。此时，父亲临终前交代遗言的景象在脑海中显现，他有些自责地喃喃自语："我当初怎么没把那句话听进去啊。"

说着，悔恨的眼泪直滴脸颊，儿子站在面前，懂事地安慰着："爸爸，您喝醉了，早点休息吧！"

"我没有醉，我要把你爷爷交代我的话告诉你，你要牢牢记住它。不要像我一样，到了这个年纪才明白这个道理！"

"爸爸！什么话这么慎重呀！"儿子很是好奇，以为老父亲真的喝醉了。

"当年你爷爷临终时交代我不可以'少壮不努力，老来没成就'，我没听进去，也没听懂。结果我费尽一生才体会出这一句话的道理，但为时已晚。你一定要从现在起就牢牢记住啊。"

"这句话不是人人都知道吗？"儿子很是诧异，这么普通的一句话，用得着这么郑重其事吗？父亲是不是有点糊涂了？

"是啊。但是，并不是每个人都愿意从年轻时就努力奋发

感 悟
ganwu

"少壮不努力，老大徒伤悲。"这是一句再熟悉不过的话，之所以一遍又一遍地被提起，只是因为太多的人少壮的时候不努力，没有真正地为自己的梦想奋斗过。

113

向上。一定要年轻时就学好，不然老了就像我，一无是处。你一定要认真对待这句话。希望你好好做人，将来儿孙都能成才，不必再把这句话当遗言交代了。"

事到如今，儿子才真正懂得了父亲所说的话的真正含义，也终于明白了父亲脸上泪水所代表的悔恨。还好，一切还来得及。

只会幻想的人没有真正的机会

有一位名叫西尔维亚的美国女孩，她的父亲是波士顿有名的整形外科医生，母亲在一家声誉很高的大学担任教授。不管从哪个角度来看，她的家庭都对她的成长和发展有着很大的帮助和支持，因此她完全有机会实现自己的理想。她从念中学的时候起，就一直梦寐以求地想当电视节目的主持人。对于这个方面，她非常有自信，她觉得自己具有这方面的才干，因为每当她和别人相处时，即使是生人也都愿意亲近她并和她长谈。她知道怎样从人家嘴里"掏出心里话"。她的朋友们称她是他们的"亲密的随身精神医生"。她自己常说："只要有人愿给我一次上电视的机会，我相信一定能成功。"她的确是这样想的，也一直确信不已。

但是，她为达到这个理想而做了些什么呢？其实什么也没有！她只是在等待奇迹出现，希望一下子就当上电视节目的主持人。

于是西尔维亚就这么不切实际地期待着，结果什么奇迹也没有出现。

谁会请一个毫无经验的人去担任电视节目主持人呢？而且节目的主管也没有兴趣跑到外面去搜寻天才，都是别人去找他们。这是常识。

另一个名叫辛迪的女孩却实现了西尔维亚的理想，成了著

名的电视节目主持人。辛迪之所以会成功，就是因为她知道"天下没有免费的午餐"，一切成功都要靠自己的努力去争取。她不像西尔维亚那样有可靠的经济来源，所以没有白白地等待机会出现。她白天去做工，晚上在大学的舞台艺术系上夜校。从夜校毕业之后，她开始谋职，跑遍了洛杉矶每一个广播电台和电视台。但是，每个地方的经理对她的答复都差不多："不是已经有几年经验的人，我们是不会雇用的。"

但是，即使是这样她也不愿意退缩，也没有等待机会，而是走出去寻找机会。她一连几个月仔细阅读广播电视方面的杂志，最后终于在一份小报上看到这样一则招聘广告：北达科他州有一家很小的电视台招聘一名预报天气的女孩子。一看到这则招聘信息，辛迪就马不停蹄地启程前往北达科他州了，她觉得，为了自己的梦想一刻也不能耽搁。

虽然辛迪是加州人，不喜欢北方，但是有没有阳光，是不是下雨都没有关系，她只是希望找到一份和电视有关的职业，干什么都行！她很需要这个工作经验和机会。于是，她抓住这个工作机会，动身到北达科他州。

辛迪在那里工作了两年，最后在洛杉矶的电视台找到了一个工作。又过了5年，她终于得到提升，成为她梦想已久的节目主持人，实现了自己追求多年的梦想。

为什么西尔维亚失败了，而辛迪却如愿以偿呢？

因为西尔维亚在10年当中，一直停留在幻想上，坐等机会；而辛迪则是采取行动，最后终于实现了理想。很简单，这就是二人明显的差别。

抓住一切机遇去叩响机会的大门

一天，在西格诺·法列罗的府邸正要举行一个盛大的宴会，主人邀请了一大批客人。就在宴会开始的前夕，负责餐桌布置的点心制作人员派人来说，他设计用来摆放在桌子上的那件大型甜点饰品不小心被弄坏了，管家急得团团转。

这时，西格诺府邸厨房里一个干粗活的孩子走到管家的面前怯生生地说道："如果您能让我来试一试的话，我想我能造另外一件来顶替。"

"你？"管家惊讶地喊道，"你是什么人，竟敢说这样的大话？"

"我叫安东尼奥·卡诺瓦，是雕塑家皮萨诺的孙子。"这个脸色苍白的孩子回答道。

"小家伙，你真的能做吗？"管家将信将疑地问道。

"如果您允许我试一试的话，我可以造一件东西摆放在餐桌中央。"小孩子开始显得镇定一些。

仆人们这时都显得手足无措了。于是，管家就答应让安东尼奥去试试，他则在一旁紧紧地盯着这个孩子，注视着他的一举一动，看他到底怎么办。这个厨房的小帮工不慌不忙地要人端来了一些黄油。不一会儿工夫，不起眼的黄油在他的手中变成了一只蹲着的巨狮。管家喜出望外，惊讶地张大了嘴巴，连忙派人把这个黄油塑成的狮子摆到了桌子上。

晚宴开始了。客人们陆陆续续地被引到餐厅里来。这些客人当中，有威尼斯最著名的实业家，有高贵的王子，有傲慢的王公贵族们，还有眼光挑剔的专业艺术评论家。但当客人们一眼望见餐桌上卧着的黄油狮子时，都不禁交口称赞起来，认为

| 感悟 |
| ganwu |

机会不会自动地找到你，你必须不断而又醒目地亮出你自己，吸引别人的关注才有可能寻找到机会。因此，你必须勇于尝试，一次次地去叩响机会的大门，总有一扇会为你打开的。

这真是一件天才的作品。他们在狮子面前不忍离去，甚至忘了自己来此的真正目的是什么。结果，这个宴会变成了对黄油狮子的鉴赏会。客人们在狮子面前情不自禁地细细欣赏着，不断地问西格诺·法列罗，究竟是哪一位伟大的雕塑家竟然肯将自己天才的技艺浪费在这样一种很快就会熔化的东西上。法列罗也愣住了，他立即喊管家过来问话，于是管家就把小安东尼奥带到了客人们的面前。

当这些尊贵的客人们得知，面前这个精美绝伦的黄油狮子竟然是这个小孩仓促间做成的作品时，都大为惊讶，整个宴会立刻变成了对这个小孩的赞美会。富有的主人当即宣布，将由他出资给小孩请最好的老师，让他的天赋充分地发挥出来。

西格诺·法列罗果然没有食言，但安东尼奥没有被眼前的宠爱冲昏头脑，他依旧是一个淳朴、热切而又诚实的孩子。他孜孜不倦地刻苦努力着，希望把自己培养成为一名优秀的雕刻家。

· 放弃等待 ·

有一天，尼尔去拜访毕业多年未见的老师。时隔多年师生聚首，老师见了尼尔很高兴，闲聊中就询问他的近况怎么样了。

不问不要紧，老师这一问，引发了尼尔一肚子的委屈。尼尔不住地向老师抱怨说："我对现在做的工作一点都不喜欢，与我学的专业也不相符，整天无所事事，工资也很低，只能维持基本的生活。糟糕透了。"

老师吃惊地问："你的工资如此低，怎么还无所事事呢?"

"我没有什么事情可做，又找不到更好的发展机会。生活真是没劲啊。"尼尔无可奈何地说。

"其实并没有人束缚你，你不过是被自己的思想抑制住了，明明知道自己不适合现在的位置，为什么不去再多学习其他的知识，找机会自己跳出去呢？不满意自己的现状不能无所事事，而是要想方设法创造条件改变啊。"老师劝告尼尔。

尼尔叹了一口气，沉默了一会说："老师您不知道，我运气不好，什么样的好运都不会降临到我头上的。"

"你天天在梦想好运，而你却不知道机遇都被那些勤奋和跑在最前面的人抢走了，你永远躲在阴影里走不出来，哪里还会有什么好运呢？你听说过这句话吗？机遇永远只垂青于有准备的头脑。"老师郑重其事地说，"一个不肯努力，只知道等待的人，是永远不会得到成功的机会的。"听到老师的谆谆教导，尼尔终于明白了，原来一直以来，不是没有机遇，而是自己一直都没有准备好去创造机遇。改变，其实是比抱怨更为有效的达到梦想的方法。

其实，如果一个人把时间都用在了闲聊和发牢骚上，就根本不会想用行动改变现实的境况。对于他们来说，不是没有机会，而是缺少进取心。当别人都在为事业和前途奔波时，自己只是茫然地虚度光阴，根本没有想到去跳出误区，结果只会在失落中徘徊。

如果一个人安于贫困，视贫困为正常状态，不想努力挣脱贫困，那么在身体中潜伏着的力量就会失去它的效能，他的一生便永远不能脱离贫困的境地。换句话说，成功不可能在你抱怨现实、空等憧憬中到来，只有积极改变，创造条件，努力奋斗，才有可能达到成功的彼岸。所以，放弃毫无意义的等待，赶快为了自己的目标，努力奋斗吧。

闪烁的女将星

在美国迄今为止短暂的发展史上，有一位著名的女将军。这位没打算嫁人的美国女将军——里尔斯出生在纽约州昔腊丘兹镇的一个普通工人家庭里。她的父亲长期失业在家，且嗜酒、赌博如命，家境十分贫寒。在一家工厂当纺织工的母亲则有一副宽厚仁慈的心肠，用坚强的毅力支撑着这个家，尽量让贫穷的家庭充满温暖。母爱感染着里尔斯，她每天都去拾破烂，挣来的钱总是如数地交给母亲，尽自己的一切力量改变家庭的经济状况来减轻母亲的负担。但是，由于家境贫寒，初中没念完，里尔斯便被迫辍学了。经别人介绍，她到一位海军少将家当了保姆。从此，里尔斯一个人干两个人的活，洗衣、买菜、做饭样样都行。直到 30 年后，她回忆起这段往事时说："那时虽苦点、累点，但应该感谢那位将军，因为他给了我理想。"20 世纪 40 年代末，21 岁的里尔斯经过自己的一番努力，加入了海军陆战队的行列。在清一色的男兵里，仅有两名女性。训练、环境、目标都向她们提出了威严的挑战。最初，她们的想法很简单，只是想体验一下部队生活，争取将来找个好工作来报答母亲。于是，训练结束时，只有里尔斯在眼泪和汗水中勇敢地坚持下来了，她被分配到陆战队一资料室去打字。但是仅有初一文化，又当了多年保姆的她确实干不好这个工作。可是怎么办呢？放弃吗？可生性倔强的她又怎能知难而退呢？干！说干就干！于是，她夜以继日地背诵生字生词，练就了一手娴熟的打字技术，使上级军官十分满意。里尔斯的聪慧好学、吃苦耐劳的精神深得上司的赏识。不久，连她自己也没想到会被送到昔腊丘兹秘书学校学习，这不寻常的转折为她以后的仕途架起了便利的桥梁。

此后的部队岁月里，里尔斯不论是赴欧洲学习，还是在海

军陆战队基地任职，她从不虚度闲暇，总是利用一切节假日博览群书，汲取各方面的营养，弥补自己的欠缺。很快，在她快过40岁生日时终于脱颖而出——任罗得岛州新港海军学院副院长。两年后，她由上校军衔晋升为准将，成为美国海军陆战队某基地首任女司令，载入了美国的史册。这是当年的很多人都未曾想到的，但是，里尔斯通过自己不懈的努力却真正做到了！

练 琴

一天上午，一位音乐系的学生走进了钢琴练习室。在钢琴上，摆着一份全新的乐谱。

"真是超高难度……恐怖之极……"他翻着乐谱，喃喃自语，感觉自己对弹奏钢琴的信心似乎跌到谷底，消靡殆尽。已经三个月了！自从跟了这位新的指导教授之后，不知道这位教授为什么要以这种方式整人，实在有点让人吃不消，其他的同学在别的不同的指导教授处学习，但是好像没有一个人像他这样"悲惨"，他一直感叹自己运气不好。但是，再抱怨也没有用，始终还是要练习的，他知道导师的脾气。勉强打起精神，他开始用自己的十指奋战、奋战、奋战……琴音盖住了教室外面教授走来的脚步声。

指导教授是个极其有名的音乐大师。授课的第一天，他给自己的新学生一份乐谱。"试试看吧！"他微笑着说。学生一看，乐谱的难度颇高，所以难免弹得生涩僵滞、错误百出，只好在心里暗暗叫苦。"还不成熟，回去好好练习！"教授在下课时，如此叮嘱学生。

学生练习了一个星期，第二周上课时正准备让教授验收，没想到教授又给他一份难度更高的乐谱，"试试看吧！"上星期的课教授也没提。学生再次挣扎于更高难度的技巧挑战。

第三周。更难的乐谱又出现了。一样的情形持续着，学生

感悟
ganwu

勇敢地迎接挑战，勇敢地面对永无休止、难度渐升的环境压力，才有可能在行动中收获成功。

每次在课堂上都被一份新的乐谱困扰，然后把它带回去练习，接着再回到课堂上，重新面临两倍难度的乐谱，却怎么样都追不上进度，一点也没有因为上周的练习而有驾轻就熟的感觉，学生感到越来越不安、沮丧和气馁。教授走进练习室，学生再也忍不住了。他必须向钢琴大师提出这三个月来何以不断折磨自己的质疑。

教授没开口，他抽出最早的那份乐谱，交给了学生。"弹奏吧！"他以坚定的目光望着学生。

不可思议的事情发生了，连学生自己都惊讶万分，他居然可以将这首曲子弹奏得如此美妙，如此精湛！教授又让学生试了第二堂课的乐谱，学生依然表现出超高的水准……演奏结束后，学生怔怔地望着老师，说不出话来。

"如果，我任由你表现最擅长的部分，可能你还在练习最早的那份乐谱，就不会有现在这样的程度……"钢琴大师缓缓地说。

命运掌握在自己的手中

大家都知道，和朋友聊天是一件非常惬意的事情，在海阔天空纵情对话之间可以体会到别处没有的愉悦，当然也可以得到别处所不曾有的智慧。

记得有一次，我去拜会一位事业上颇有成就也颇有智慧的朋友，品茗闲聊中，大家谈起了命运。我开玩笑地问："大家凡事都喜欢归结于'命运'，那我想知道这个世界到底有没有命运？你能不能跟我说说？"他干脆地说道："当然有啊。"我疑惑地再问："命运究竟是怎么回事？既然命中注定，那奋斗又有什么用？我们还不如就等着命运的安排好了，其他的一切不都是无用的吗？为什么还要提倡什么奋斗呢？是不是所有的成功与失败都是命中早就已经注定好了的呢？"

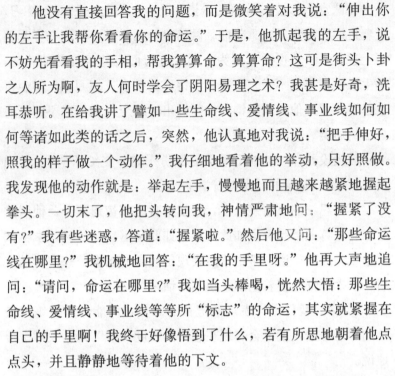

感悟
gǎnwu

上天也许给每个人安排的先天的境遇是不同的，但后天的努力可以把一切都改变，自己掌握自己命运的人才是真正的强者。要始终记得：命运就在自己掌握之中。

他没有直接回答我的问题，而是微笑着对我说："伸出你的左手让我帮你看看你的命运。"于是，他抓起我的左手，说不妨先看看我的手相，帮我算算命。算算命？这可是街头卜卦之人所为啊，友人何时学会了阴阳易理之术？我甚是好奇，洗耳恭听。在给我讲了譬如一些生命线、爱情线、事业线如何如何等诸如此类的话之后，突然，他认真地对我说："把手伸好，照我的样子做一个动作。"我仔细地看着他的举动，只好照做。我发现他的动作就是：举起左手，慢慢地而且越来越紧地握起拳头。一切末了，他把头转向我，神情严肃地问："握紧了没有？"我有些迷惑，答道："握紧啦。"然后他又问："那些命运线在哪里？"我机械地回答："在我的手里呀。"他再大声地追问："请问，命运在哪里？"我如当头棒喝，恍然大悟：那些生命线、爱情线、事业线等等所"标志"的命运，其实就紧握在自己的手里啊！我终于好像悟到了什么，若有所思地朝着他点点头，并且静静地等待着他的下文。

他很平静地继续道："很多人都在谈论命运，可能这是一个最没有答案又最有争议的问题了，但是不管别人怎么跟你说，不管算命先生们如何给你算，记住，命运在自己的手里，而不是在别人的嘴里！这就是命运。命运不是算出来的，更不是想出来的。你再看看你布满了所谓生命线、爱情线和事业线的自己的拳头，你还会发现你的生命线有一部分还留在外面，没有被握住，这又能给我们什么启示呢？其实命运的确绝大部分掌握在自己手里，但是还有一部分掌握在'上天'手里，那就是在你争取之外的其他因素，那是'天时''地利'，但是，'人和'——也就是你的奋斗才是最重要的，也是最具有决定意义的，有时候，所谓的'天时'和'地利'，也是由自己努力的'人和'所决定的。成功不是什么都不做的静待命运，古往今来，凡成大业者，奋斗的意义就在于用其一生的努力去争取。这就是成功的秘诀，也是所谓命运背后隐藏的真正的意义。"

采草莓

安妮是一个可爱的小姑娘，可是她有一个坏习惯，那就是她每做一件事时，总是爱让计划停留在口头上，而不是马上行动。

和安妮住在同一个村子里的詹姆森先生有一家水果店，里面出售本地产的草莓。一天，詹姆森先生对安妮说："你想挣点钱吗？"

"当然想，"她回答，"我一直想有一双新鞋，可家里买不起。"

"好的，安妮。"詹姆森先生说，"隔壁卡尔森太太家的牧场里有很多长势很好的黑草莓，他们允许所有人去摘。你去摘了以后把他们都卖给我，1夸脱我给你13美分。如果你摘得足够多的话，就有钱买你想要的新鞋了。"

安妮听到可以挣钱，非常高兴。于是她迅速跑回家，换上衣服，拿上一个篮子，准备马上就去摘草莓。这时，她不由自主地想到，要先算一下采5夸脱草莓可以挣多少钱比较好。于是她拿出一支笔和一块小木板，计算结果是65美分。

"要是能采12夸脱呢？"她计算着，"那我又能赚多少呢？""上帝啊！"她得出答案，"我能得到1美元56美分呢。"

安妮接着算下去，要是她采了50、100、200夸脱，詹姆森先生会给她多少钱。她将时间花费在这些计算上，一下子已经到了中午吃饭的时间，她只得下午再去采草莓了。

安妮吃过午饭后，急急忙忙地拿起篮子向牧场赶去。而许多男孩子在午饭前就到了那儿，他们快把好的草莓都摘光了。可怜的小安妮最终只采到1夸脱草莓。

回家的途中，安妮想起了老师常说的话："办事得尽早着

只有行动才能让计划变成现实。成功在于计划，更在于行动。目标再伟大，如果不去落实，永远只是空想。

手，干完后再去想。因为一个实干者胜过 100 个空想家。"

滴答就行

一只新组装好的小钟放在了两只旧钟当中。两只旧钟"滴答""滴答"一分一秒地走着。

其中一只旧钟对小钟说："来吧，你也该工作了。可是我有点担心，你走完三千二百万次以后，恐怕便吃不消了。"

"天哪！三千二百万次。"小钟吃惊不已，"要我做这么大的事？办不到，办不到！"

另一只旧钟说："别听它胡说八道。不用害怕，你只要每秒'滴答'摆一下就行了。"

"天下哪有这样简单的事情。"小钟将信将疑，"如果这样，我就试试吧。"

小钟很轻松地每秒钟"滴答"摆一下，不知不觉中，一年过去了，它摆了三千二百万次。

跳　槽

A 对 B 说："我要离开这个公司。我恨这个公司！"

B 建议道："我举双手赞成你报复！破公司一定要给它点颜色看看。不过你现在离开，还不是最好的时机。"

A 问："为什么？"

B 说："如果你现在走，公司的损失并不大。你应该趁着在公司的机会，拼命去为自己拉一些客户，成为公司独当一面的人物，然后带着这些客户突然离开公司，公司才会受到重大损失，非常被动。"

A 觉得 B 说得非常在理，于是努力工作，事遂所愿，半年

多的努力工作后，他有了许多的忠实客户。

再见面时，B问A："现在是时机了，要跳赶快行动哦！"

A淡然笑道："老总跟我长谈过，准备升我做总经理助理，我暂时没有离开的打算了。"

其实这也正是B的初衷。

淹大水的那一天

科学报告指出：环境污染破坏了大气的臭氧层，不知道是不是由于温室效应，这两年一下大雨就淹水，给人们生活带来了很大的不便。

大家都知道王老板最怕淹水了，因为他是卖纸的，由于纸重，不能在楼上堆货，只好把东西都放在一楼，方便运货取货。

天哪！还差半尺。天哪！只剩两寸了。每次只要一下大雨，王老板都不眠不休，眼睛紧盯着门外的积水看，恨不得用眼光挡住那即将淹来的水。所幸回回有惊无险，巧得很，每当水正要淹进门的时候，雨就停了，让王老板庆幸不已。

一年，两年，王老板都是这么在担忧与庆幸之中度过的。这一天，飓风一来，除了下雨，还有河水泛滥，门前一下子成了小河，水不断蔓延，随着大雨的持续，转眼水位就漫过了门槛。水来势汹汹，速度之快，王老板连沙包都来不及堆，店里几十万的货已经泡了汤。

王太太、所有的店员，甚至王老板才十几岁的儿子都出动了，试着抢救一点纸，但最大的问题是，纸会吸水，从下往上，一包渗向一包，而且外面的水，还不断往店里灌。

看到这种情景，大家正在不知所措的时候，却看见王老板一个人，冒着雨蹚着水出去了。"大概是去找救兵了。"王太太安慰大家说。而几个钟头过去，雨停了、水也退了，才见到王老板一个人回来。但是这时候就算他带几十个救兵回来，又有

125

什么用？店里所有的纸都报销了，又因为沾上泥沙，连免费送去做回收纸浆，纸厂都不会要的。

王老板什么都没说，收拾完残局，就搬家了，搬到一个老旧公寓的一楼。他依旧做纸张的批发生意，而且一下子进了比以前多了两三倍的货。

"他是没淹怕，进了那么多的货，就等着关门大吉吧。"有职员私下议论。果然，又来台风，又下大雨，河水又泛滥了，而且比上次更严重。好多路上的车子都泡在了水里，好多地下室都成了游泳池，好些人不得不爬上屋顶，灾情十分严重。

王老板一家人，站在店门口，左看，街那头淹水了；右看，街角也成了泽国，只有王老板店面的这一段，地势大概特高，居然一点都没事，连王老板停在门口的新车，都成了全市少数能够劫后余生的。王老板一下子发了，因为几乎所有的纸行都泡了汤，连纸厂都没能幸免，人们急着要用纸，印刷厂急着要补货，出版社急着要出书，大家都抱着现款来求王老板。

"你真会找地方，"有同行好奇地问，"平常怎么看，都看不出你这里地势高，你怎么会知道的？"

"简单嘛，"王老板笑笑，"上次我店里淹水，我眼看没救了，干脆蹚着水趁雨大在全城绕了几圈，看看什么地方不淹水。于是，我就找到了这里。"

王老板拍拍身边堆积如山的纸，得意地说："这叫救不了上次救下次，真正的'亡羊补牢'哇。"

感悟 ganwu

不出去走走看看，怎么知道哪里的水深哪里的水浅，哪里的位置高，哪里的位置低，当不可避免的暴雨来临的时候，走出去看看，选择高地就可以了，当生活中意想不到的事情发生的时候，解决它就可以了。

"牛仔大王"李维斯

"牛仔大王"李维斯的西部发迹史中曾有这样一段传奇：当年他像许多年轻人一样，带着梦想前往西部追赶淘金热潮。

一日，一条大河挡住了他前往西去的路。苦等数日，被阻隔的行人越来越多，但都无法过河。于是陆续有人向上游、下游绕道而行，也有人打道回府，更多的则是怨声一片。而心情慢慢平静下来的李维斯想起了曾有人传授给他的一个"思考制胜"的法宝，是一段话："太棒了，这样的事情竟然发生在我的身上，又给了我一个成长的机会。凡事的发生必有其因果，必有助于我。"于是他来到大河边，"非常兴奋"地不断重复着对自己说："太棒了，大河居然挡住我的去路，又给我一次成长的机会。凡事的发生必有其因果，必有助于我。"果然，他真的有了一个绝妙的创业主意——摆渡。没有人吝啬一点小钱坐他的渡船过河，迅速地，他人生的第一笔财富居然因大河挡道而获得。

一段时间后，摆渡生意开始清淡。他决定放弃，并继续前往西部淘金。来到西部，四处是人，他找到一块合适的空地方，买了工具便开始淘起金来。没过多久，有几个恶汉围住他，叫他滚开，别侵犯他们的地盘。他刚理论几句，那伙人便失去耐心，一顿拳打脚踢。无奈之下，他只好灰溜溜地离开。好容易找到另一处合适地方，没多久，同样的悲剧再次重演，他又被人轰了出来。在刚到西部那段时间，他多次被欺侮。终于，最后一次被人打完之后，看着那些人扬长而去的背影，他又一次想起他的"制胜法宝"："太棒了，这样的事情竟然发生在我的身上，又给了我一次成长的机会。凡事的发生必有其因果，必有助于我。"他真切地、兴奋地反复对自己说着，终于，他又想出了另一个绝妙的主意——卖水。

感悟 ganwu

如果我们只知道说那句话，那就成了不折不扣的阿Q；如果我们把那句话作为我们走出沮丧的警句，转变面对失败时的心态，换个角度思考、行动，成功的就有可能是你、我、他！

127

西部黄金不缺，但似乎自己无力与人争雄；西部缺水，可似乎没什么人想卖它。不久他卖水的生意便红红火火。慢慢地，也有人参与了他的新行业，再后来，同行的人已越来越多。终于有一天，在他旁边卖水的一个壮汉对他发出通牒："小个子，以后你别来卖水了，从明天早上开始，这儿卖水的地盘归我了。"他以为那人是在开玩笑，第二天依然来了，没想到那家伙立即走上来，不由分说便对他一顿暴打，最后还将他的水车也一起拆烂。李维斯不得不再次无奈地接受现实。然而当这家伙扬长而去时，他却立即开始调整自己的心态，再次强行让自己兴奋起来，不断对自己说："太棒了，这样的事情竟然发生在我的身上，又给我一次成长的机会。凡事的发生必有其因果，必有助于我。"他又开始调整自己注意的焦点。他发现来西部淘金的人，衣服极易磨破，同时又发现西部到处都有废弃的帐篷，于是他又有了一个绝妙的好主意——把那些废弃的帐篷收集起来，洗洗干净，就这样，他缝成了世界上第一条牛仔裤！从此，他一发不可收拾，最终成为举世闻名的"牛仔大王"。

第5章

毅力是无可替代的

锲而舍之，朽木不折；锲而不舍，金石可镂。

——《荀子·劝学》

"无志人常立志，有志人立长志。"大多数人不乏聪明的头脑，少的是坚毅的心志；不乏一时的热情，少的是持久的坚持；不乏完美的计划，少的是把计划执行到底的毅力……

"水滴石穿"，"绳锯木断"，确立目标，果断执行，排除万难，坚持到底，执著地追求自己的梦想，你会拥有一块自己想都没有想到的蓝天！

每次被拒绝的收入

美国国际投资顾问公司总裁廖荣典有个很有名的百分比定律。他认为假如会见 10 名顾客，只在第 10 名顾客处获得 200 元订单，那么怎样看待前 9 次的失败与被拒绝呢？他说："请记住，你之所以赚 200 元，是因为你会见了 10 名顾客才产生的，并不是第 10 名顾客才让你赚到 200 元。而应看成每个顾客都让你做了 20 元的生意。因此，每次被拒绝的收入是 20 元。当你被拒绝时，想到这个顾客拒绝了我，等于让我赚了 20 元，所以应面带微笑，敬个礼，当做收入是 20 元。"

日本日产汽车推销王奥程良治也有类似的说法。他从一本汽车杂志上看到，据统计，日本汽车推销员拜访顾客的成交比率为 1/30；换言之，拜访 30 个人之中，就会有一个人买车。此项信息令他振奋不已。他认为，只要锲而不舍地连续拜访了 29 位之后，第 30 位就是顾客了。最重要的，他觉得不但要感谢第 30 位买主，而且对先前没买的 29 位更应当感谢，因为假如没有前面的 29 次挫折，怎会有第 30 次的成功呢！

感悟 ganwu

成功是有一定的概率分布的，关键看你能不能坚持到成功开始显现的那一天。坚持到最后，你就是胜利者。

酿 酒

酒有着悠久的历史了，但究竟酒是怎么造出来的呢？不同的人有不同的说法，有人说是杜康造的，"有饭不尽，委之空桑，郁结成味，久蓄气芳，本出于代，不由奇方"，是说杜康将未吃完的剩饭，放置在桑园的树洞里，剩饭在洞中发酵后，有芳香的气味传出。这就是酒的做法，这种说法似乎是合理的，很多的发明也就是始于生活中的偶然，就像很多故事还有

神话传说一样，酿酒的产生也是这样的。

传说，有两个人总是在寻找一种发明饮品的方法，他们历尽艰辛，踏遍千山万水，从太阳升起找到星星出现，再从星星升起找到太阳出现，历经数十春秋，终于感动了上苍，于是上天就派了一位神仙帮助他们。

一次，在二人正在受饥渴煎熬的时候，神仙翩然而至，他说他是受了上天的旨意前来向他们传授酿酒之法的，但上天还要考验一下他们的耐心，考验的过程也就是酿酒的过程，两人高兴地跪在地上磕头感谢上苍。

神仙说，酿酒是一个很辛苦的工作，光选料就是一个很辛苦的过程，你们要选端阳那天成熟、饱满起来的大米，与冰雪初融时高山飞瀑、流泉的水珠调和了，注入千年紫砂土烧制成的陶瓮，再用初夏第一张沐浴朝阳的新荷裹紧，密闭七七四十九天，直到凌晨鸡叫三遍后方可启封。记住，千万不可以提前启封的，否则后果自负。

像每一个传说里的英雄一样，他们牢记神仙的秘方，历尽千辛万苦，跋涉千山万水，风餐露宿，胼手胝足地找齐了所有必需的材料，把梦想和期待一起调和密封，然后潜心等候着那激动人心、注定要到来的一刻。

时间一天天地过去了，这 49 天仿佛就是 49 年，每一分每一秒他们的心都是激动的，渴望着第 49 天的到来，这是多么漫长的守护啊。当第 49 天姗姗到来时，即将开瓮的美酒使两人兴奋得整夜都不能入睡，他们彻夜都竖起耳朵准备聆听鸡鸣的声音。终于，远远地，传来了第一声鸡啼，悠长而高亢。又过了很久很久，依稀响起了第二声，缓慢而低沉。等啊等啊，第三遍鸡啼怎么来得那么慢，它什么时候才会响起啊？其中一个再也按捺不住了，他放弃了再忍耐，迫不及待地打开了陶瓮，但结果，却让他惊呆了——

里面是一汪水，混浊，发黄，像醋一样酸，又仿佛破胆一

感悟
ganwu

是的，许多成功者，他们与失败者的唯一区别，往往不是更多的劳动和孜孜不倦的流血流汗，也不是多么聪明过人的头脑和谋略，而只在于他们的韧性和耐心，在于他们多坚持了那一刻——有时是一年，有时是一天，有时，仅仅是一声鸡啼。

般苦，还有一股难闻的怪味……怎么会这样？他懊悔不已，但一切都不可挽回，即使加上他所有的跺脚、自责和叹息。最后，他只有失望地将这汪水倒在地上。

而另外一个人，虽然心中的欲望像一把野火熊熊燃烧，烧烤得他好几次都想伸手掀开瓮盖，但刚要伸手，他却咬紧牙关挺住了，直到第三声鸡啼响彻云霄，东方一轮红日冉冉升起——啊，多么清澈甘甜、沁人心脾的琼浆玉液啊！

敲打吊着的铁球

全国著名的职场大师，即将告别他的职场生涯，应行业人士和社会各界的邀请，他将在该城中最大的体育馆，作告别职业生涯的演说。

那天，会场座无虚席，人们在热切地、焦急地等待着这位大师能给自己作一场精彩的演说。当大幕徐徐拉开，舞台的正中央吊着一个巨大的铁球。为了这个铁球，台上搭起了高大的铁架。

一位老者在人们热烈的掌声中走了出来，站在铁架的一边，他微微地向众人笑笑，慈祥中透着刚毅，大概这就是传说中的大师了。人们惊奇地望着他，不知道他要做出什么举动。这时两位工作人员抬着一个大铁锤，放在老者的面前。主持人这时对观众讲：请两位身体强壮的人到台上来。转眼间已有两名动作快的跑到台上。

老人对他们说，请他们用这个大铁锤，去敲打那个吊着的铁球，直到把它荡起来。

一个年轻人抢着拿起铁锤，一声震耳的响声，那吊球一动不动。他用大铁锤接二连三地砸向吊球，很快就气喘吁吁。另一个人也不示弱，接过大铁锤把吊球打得叮当响，可是铁球仍旧纹丝不动。

台下逐渐没了呐喊声，观众们认定那是没用的。

这时，老人笑了笑，他掏出了一个小锤，然后认真地面对着那个巨大的铁球"咚"敲了一下，人们奇怪地看着，老人就那样敲一下，停顿一下，就这样持续地做。

10分钟过去了，20分钟过去了，会场早已开始骚动，有的人干脆叫骂起来，人们用各种声音和动作发泄着他们的不满。老人仍然用小锤不停地敲击着，根本不在意人们的反应。观众开始愤然离去，会场上出现了大块大块的空缺。留下来的人们好像也喊累了，会场渐渐地安静下来。

大概在老人进行到40分钟的时候，坐在前面的一个妇女突然尖叫一声："球动了！"刹那间会场鸦雀无声，人们聚精会神地看着那个铁球。那球以很小的幅度动了起来。老人仍旧一小锤一小锤地敲着，吊球在老人一锤一锤的敲打中越荡越高，它拉动着那个铁架子"哐、哐"作响，它的巨大威力强烈地震撼着在场的每一个人。终于，场上爆发出一阵阵热烈的掌声。

卧薪尝胆

春秋时期，吴王夫差凭着强大的国力，领兵攻打越国。结果越国战败，越王勾践被抓到吴国。吴王为了羞辱越王，派他看墓、喂马，做一些奴仆做的工作。越王心里虽然很不服气，但仍然极力装出忠心顺从的样子。吴王出门时，他走在前面牵着马；吴王生病时，他在床前尽力照顾。吴王看他这样尽心伺候自己，觉得他对自己非常忠心，最后就允许他返回越国。

越王回国后，决心洗刷自己在吴国当囚徒的耻辱。为了告诫自己不要忘记复仇雪耻，他每天睡在坚硬的木柴上，还在门上吊一颗苦胆，吃饭和睡觉前都要舔一下，为的就

感悟
ganwu

做任何事情，想要取得成功，必须要有决心和毅力。勾践就是靠着这份决心和毅力，卧薪尝胆，励精图治，最终转败为胜。

133

是要让自己记住教训。除此之外，他还经常到民间视察民情，替百姓解决问题，让人民安居乐业，同时加强军队的训练。

经过十年的艰苦奋斗，越国变得国富兵强，于是越王亲自率领军队进攻吴国，最终取得了胜利，吴王夫差羞愧得在战败后自杀。后来，越国又趁胜进军中原，成为春秋末期的一大强国。

巨星席维斯·史泰龙

这个世界从来就不缺乏有梦想的人，但是并不是每个人都可以将自己的梦想实现。有多少人愿意成为发明家，但真正的发明家也是屈指可数的；又有多少人愿意成为文学家，但真正的文学巨匠也是寥若晨星的。可是总会有那么一些人，无论条件如何艰苦，希望多么渺茫，世事如何改变，碰壁如何之多，他们也不会改变自己的初衷，他们是自己梦想的真正追求者。

在美国就有这样的一个人，一位穷困潦倒的年轻人，即使在身上全部的钱加起来都不够买一件像样的西服的时候，仍全心全意地坚持着自己心中的梦想，他想做演员，拍电影，当明星。

当时，好莱坞共有500家电影公司，他逐一数过，并且不止一遍。后来，他又根据自己认真划定的路线与排列好的名单顺序，带着自己写好的量身定做的剧本前去拜访。但第一遍下来，所有的500家电影公司没有一家愿意聘用他。

面对百分之百的拒绝，这位年轻人没有灰心，从最后一家被拒绝的电影公司出来之后，他又从第一家开始，继续他的第二轮拜访与自我推荐。

在第二轮的拜访中，500家电影公司依然拒绝了他。多

数人恐怕在第一轮还没有结束的时候就放弃了，谁会接受累计长达1 000次的拒绝呢？但他会，他又开始了下一轮的拜访。

第三轮的拜访结果仍与第二轮相同。已经遭到拒绝1 500次了，1 500次，光是数就要数好长时间的一个数字，很累，很烦，何况是遭到拒绝呢？没有人会坚持下去！"这样的人纯粹是个傻瓜。"多数人都会这么说，但这位年轻人还是咬牙开始了他的第四轮拜访，当拜访完第349家后，第350家电影公司的老板破天荒地答应愿意让他留下剧本先看一看。

几天后，年轻人获得通知，请他前去详细商谈。

就在这次商谈中，这家公司决定投资开拍这部电影，并请这位年轻人担任自己所写剧本中的男主角。

这部电影名叫《洛奇》。

这位年轻人的名字就叫席维斯·史泰龙。现在翻开电影史，这部叫《洛奇》的电影与这个日后红遍全世界的巨星皆榜上有名。

一颗糖果的诱惑

这是一个寂静的午后。蝉的叫声显得异常的嘹亮，虽然温度很高，但因为有风的缘故，似乎并不是很闷热，花的香味弥漫在美国得克萨斯州的一个镇小学的校园里。

其中一个班的8个学生，被老师带到了校长旁边的一间很大的空房里。玻璃窗明晃晃地耀眼，鸟儿飞过的痕迹也能看得清清楚楚，正当学生们强按住内心的好奇，凝神等待着将要发生的一切时，老师领着一个陌生的中年男子走了进来。

他一脸和蔼地来到孩子们中间，给每个人都发了一粒包装十分精美的糖果，并告诉他们：这糖果属于你的，可以随时吃掉，但如果谁能坚持等我回来以后再吃，那就会得到两

是金子，总是要发光的。不要害怕拒绝，太多的事情都不是一帆风顺的，只要坚信自己是金子，排除万难也要让自己发光。没有人能否定你的价值，除非你甘愿放弃。

抵御唾手可得的诱惑，期待通过努力才能得到的许诺，并不是一件容易的事情。有毅力抵制住诱惑，就容易不为外界所影响，直奔自己的目标。

粒同样的糖果作为奖励。说完，他和老师一起转身离开了这里。

等待是漫长的，许诺是遥远的，而那颗糖果却真真切切地摆在每个孩子的面前。

时间一分一秒地过去了。这颗糖果对孩子们的诱惑也越来越大，伴随着窗外苹果花的芬芳，这种诱惑几乎不可抗拒。

有一个孩子剥掉了精美的糖纸，把糖放进嘴里并发出"啧啧"的声音。受他的影响，有几个孩子忍不住了，纷纷剥开了精美的糖纸。但仍有一半以上的孩子在千方百计地控制着自己，一直等到那陌生人回来。那是一个比暑假还漫长的 40 分钟。但陌生人最终实现了自己的承诺，那些付出等待的孩子得到了应有的奖励。

事实上，这是一次叫做"延迟满足"的心理实验。后来，那个陌生人跟踪这些孩子整整 20 年。他发现，能够"延迟满足"的学生，数学、语文的成绩要比那些熬不住的学生平均高出 20 分。参加工作后，他们从来不在困难面前低头，总是能走出困境获得成功。

割肝救子

陈玉蓉是湖北武汉一位平凡的母亲，他的儿子叶海滨患有一种先天性疾病——肝豆状核病变。这种肝病无法医治，最终可能导致死亡。为了挽救儿子的生命，陈玉蓉请求医生通过手术将自己的肝移植给儿子。

这时候，一件意想不到的事打破了陈玉蓉捐肝救子的希望。就在手术前的常规检查中，叶海斌被查出丙肝，必须全部切除，需要母亲切 1/2 甚至更多的肝脏。可是，陈玉蓉患有重度脂肪肝，1/2 的肝脏不足以支撑自身的代谢。无奈之下，捐

肝救子的手术被取消。

陈玉蓉从医院出院后，当天晚上就开始了自己的减肥计划。由于医生叮嘱不能乱吃药，运动也不能太过强烈，她决定每天徒步走10公里。在随后的7个多月里，她每天早晨4点多就从家里出发，晚上一吃完饭就要出门，一天不落；并且每餐只吃半个拳头大的饭团，有时夹块肉送到嘴边，又放回碗里。7个多月，她的鞋子走破了4双，脚上的老茧长了就刮，刮了又长，而几条裤子的腰围紧了又紧。陈玉蓉说："有时我也感觉看不到尽头，想放弃。但我坚信：只要我多走一步路、少吃一口饭，离救儿子的那天就会近一点。"

当她再次去医院检查时，奇迹出现了：脂肪肝没有了。就连医生都感叹：从医几十年，还没见过一个病人能在短短7个月内消除脂肪肝，更何况还是重度。没有坚定的信念和非凡的毅力，肯定做不到！

2009年11月3日，这对母子在武汉同济医院顺利地进行了肝脏移植手术。

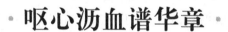

呕心沥血谱华章

我国唐代著名诗人李贺，天赋极好，7岁时就能写出很精彩的诗歌、文章，受到当时一些有名望的人的赞赏，被认为是小神童。尽管李贺聪颖过人，可他依然十分努力，从无丝毫的懈怠，作文、写诗都非常严肃认真，从不马虎草率。

李贺写诗、作文，有与众不同的习惯，他不是闭门造车冥思苦想，而是十分注重搜集材料，积累心得，捕捉灵感，他特别注意观察生活，实地考察。他习惯每天早上骑着家里那匹瘦马外出游览，每每有了什么见闻或心得体会，便当即记录下来，装进随身带的绣花锦囊之中。当太阳落山的时候，李贺再往回家的路上走去，到家常常已是掌灯时分，家里人早已吃过晚饭了。

李贺回到家，他母亲赶紧叫仆人端上热过的饭菜，可是李贺依然没有慌着去吃饭，而是将白天写的那些草稿从锦囊中取出来，及时修改、整理，然后誊写清楚，集中放入另一绣花锦囊之中，这才吃饭、休息。李贺天天如此坚持不懈，只要不是因病或家里办重大的红白喜事，他都从不停止这样做。

一天晚上，待李贺回家做完这一切躺下睡着后，他的母亲来到他的房间，取过锦囊将里面的东西全倒出来，一看，竟都是些诗稿、笔记，除此以外，别无他物。他母亲想到这孩子一向体弱多病，再看他倒床便睡的疲惫不堪的样子，十分心疼又担忧地叹息道："这孩子真是非要把心呕出来才肯罢休啊！"

李贺虽然很年轻就去世了，可他的很多诗作却成为人们喜爱的传世佳作，为了这些佳作，他真正是到了呕心沥血的地步。

让不可能变得可能

吉拉德在《北美日报》上班时，是一个胆小而内向的年轻人。一次偶然的机会，他听了一次有关"自信心"的演讲，在离开演讲厅时，他决心要有所改变。

吉拉德去找报社的业务经理，要求报社安排他当广告业务员，不付薪水，而从广告费中抽取佣金。办公室里的所有人都认为他一定会失败，因为这一类的推销工作需要最出色的推销才能。

吉拉德回到自己的办公室，拟出一份名单，列出他打算去拜访的客户类别。然后，他开始逐一拜访这些客户。

在第一天中，他和15个"不可能的"客户中的两个人达成了交易。在第一个星期的剩下几天中，他又做成了4笔交易。到了那个月的月底，他和名单上的14个客户达成了交易，只剩最后一位了。

在第二个月里，他没有做成任何交易，因为，他除去继续去拜访那最后一位坚决不登广告的客户之外，并没有去拜访任何新的客户。那家商店一开门，他就进去请那位商人登广告。而每天早晨那位商人一定回答说："不！"那位商人确实不打算购买任何广告版面，但吉拉德却一直坚持不懈。每一次，当那位商人说"不"时，吉拉德就假装并没有听到，而继续前去拜访。到了那个月的最后一天，对这位努力不懈的年轻人连续说了29天"不"的那位商人说话了。他说："年轻人，你已经浪费了一个月的时间来求我买你的广告版面，我现在想要知道你为什么这样浪费你的时间？"

吉拉德回答说："我从来没有浪费我的时间，我是在上学，而你就一直是我的老师，我一直在训练自己的自信心。"

愣了一会儿，这位商人说道："我也要向你承认，我也等于是在上学，而你就是我的老师。你已教会了我坚持，对我来说，这比金钱更有价值。为了向你表示我的感激，我要向你订购一个广告版面，当做是我付给你的学费。"

费城《北美日报》的一个最佳的广告客户就是这样被吸收进来的。这是一位"伟大的推销员"的良好开端，凭着这股坚忍不拔的韧劲，吉拉德终于成为了百万富翁。

齐人学弹瑟

古时候，有一种乐器叫瑟，它发出的声音非常悦耳动听。赵国有很多人都精通弹瑟，使得别的国家的人羡慕不已。

有一个齐国人也非常欣赏赵国人弹瑟的技艺，特别希望自己也能有这样的好本领，于是就决心到赵国去拜师学弹瑟。

这个齐国人拜了一位赵国的弹瑟能手做师傅，开始跟他学习。可是这个齐国人没学几天就厌烦了，上课的时候经常开小差，不是找借口迟到早退，就是偷偷琢磨自己的事情，不专心

感悟
ganwu

学习是一个循序渐进的过程，没有捷径可走。我们只有坚持不懈地认真学习，努力钻研，才不会重蹈这个齐国人的覆辙。

听讲，平时也总不愿意好好练习。

学了一年多，这个齐国人仍弹不了成调的曲子，老师责备他，他自己也有点慌了，心里想：我到赵国来学了这么久的弹瑟，如果什么都没学到，就这样回去哪里有什么脸面见人呢？想虽这样想，可他还是不抓紧时间认真研习弹瑟的基本要领和技巧，一天到晚都只想着投机取巧。

他注意到师傅每次弹瑟之前都要先调音，然后才能演奏出好听的曲子。于是他琢磨开了："看来只要调好了音就能弹好瑟了。如果我把调音用的瑟弦上的那些小柱子在调好音后都用胶粘牢，固定起来，可不就能一劳永逸了吗？"想到这里，他不禁为自己的"聪明"而暗自得意。

于是，他请师傅为他调好了音，然后真的用胶把那些调好的小柱子都粘了起来，带着瑟高高兴兴地回家了。

回家以后，他逢人就夸耀说："我学成回来了，现在已经是弹瑟的高手了！"大家信以为真，纷纷请求他弹一首曲子来听听，这个齐国人欣然答应，可是他哪里知道，他的瑟再也无法调音，是弹不出完整的曲子来的。于是他在家乡父老面前出了个大洋相。

这个齐国人奇怪极了：明明固定好了的音，怎么就是弹不好呢？他不知道，音即使能调好，也只是弹好瑟的条件之一。

梦 想

小男孩的父亲是位马术师，他从小就必须跟着父亲东奔西跑，一个马厩接着一个马厩，一个农场接着一个农场地去训练马匹。由于经常四处奔波，男孩的求学过程并不顺利。

初中时，有次老师叫全班同学写作文，题目是"长大后的志愿"。

那晚他洋洋洒洒写了7张纸，描述他的伟大志愿，那就是想拥有一座属于自己的牧马农场，并且仔细画了一张 200 亩农场的设计图，上面标有马厩、跑道等的位置，然后在这一大片农场中央，还要建造一栋占地 400 平方英尺（1 英尺＝0.304 8 米）的巨宅。

他花了好大心血把作文完成，第二天交给了老师。两天后他拿回了，第一面上打了一个又红又大的 F，旁边还写了一行字：下课后来见我。

脑中充满幻想的他下课后带了作文去找老师："为什么给我不及格？"

老师回答道："你年纪轻轻，不要老做白日梦。你没钱，没家庭背景，什么都没有。盖座农场可是个花钱的大工程，你要花钱买地，花钱买纯种马匹，花钱照顾它们。"他接着又说："如果你肯重写一个比较不离谱的志愿，我会给你打你想要的分数。"

这男孩回家后反复思量了好几次，然后征求父亲的意见。父亲只是告诉他："儿子，这是非常重要的决定，你必须自己拿定主意。"

再三考虑几天后，他决定原稿交回，一个字都不改，他告诉老师："即使拿个 F，我也不愿放弃梦想。"

20 多年以后，这位老师带领他的 30 个学生来到那个曾被他指责的男孩的农场露营一星期。离开之前，他对如今已是农场主的男孩说："说来有些惭愧。你读初中时，我曾泼过你冷水。这些年来，也对不少学生说过相同的话。幸亏你有这个毅力坚持自己的目标。"

成功人士比你富一千倍，就能说明他们比你聪明一千倍吗？绝对不是。关键在于他们确立了人生目标。

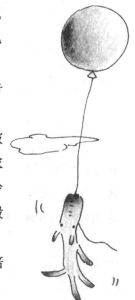

·沃尔曼·

在好多年前，当时有人正要将一块木板钉在树上当隔板，沃尔曼便走过去管闲事，说要帮他一把。

他说："你应该先把木板头子锯掉再钉上去。"于是，他找来锯子之后，还没有锯两三下又撒手了，说要把锯子磨快些。

于是他又去找锉刀。接着又发现必须先在锉刀上安一个顺手的手柄。于是，他又去灌木丛中寻找小树，可砍树又得先磨快斧头。

磨快斧头需将磨石固定好，这又免不了要制作支撑磨石的木条。制作木条少不了木匠用的长凳，可这没有一套齐全的工具是不行的。于是，沃尔曼到村里去找他所需要的工具，然而这一走，就再也不见回来了。

沃尔曼无论学什么都是半途而废。他曾经废寝忘食地攻读法语，但要真正掌握法语，必须首先对古法语有透彻的了解，而没有对拉丁语的全面掌握和理解，要想学好古法语是绝不可能的。

沃尔曼进而发现，掌握拉丁语的唯一途径是学习梵文，因此便一头扑进梵文的学习之中，可这就更加耗费。

沃尔曼从未获得过什么学位，他所受过的教育也始终没有用武之地。但他的先辈为他留下了一些本钱。他拿出10万美元投资办了一家煤气厂，可是煤气所需的煤炭价钱昂贵，这使他大为亏本。于是，他以9万美元的售价把煤气厂转让出去，开办起煤矿来。可这又不走运，因为采矿机械的耗资大得吓人。因此，沃尔曼把在矿里拥有的股份变卖成8万美元，转入了煤矿机器制造业。从那以后，他便像一个内行的滑冰者，在有关的各种工业部门中滑进滑出，没完没了。

沃尔曼的情形每况愈下，越来越穷。他卖掉了最后一项营生的最后一份股份后，便用这笔钱买了一份逐年支取的终生年金，可是这样一来，支取的金额将会逐年减少，因此他要是活的时间长了，早晚得挨饿。

社会上想改变自己处境的人很多，但是很少有人将这种改变处境的欲望具体化为一个个清晰明确的目标，并为之持久奋斗。结果，这些人的欲望也仅仅是欲望而已。

世界上没有绝境

世界上没有绝望的处境，只有对处境绝望的人。刘昌勋的创业史很有点九死一生的悲壮。他兄弟俩在同一所中学读书。父母常常因为凑不齐学费唉声叹气。为了减轻家里负担，让弟弟一个人上学，他横下一条心，在中学还没读完的时候便辍学经商，那年他 16 岁。

他干什么好呢？他家邻居经营药材，每月几百元的利润。在他们那里，当时是一个叫人眼红的数目。他抱着试一试的心理，买进了 20 元的板蓝根，背到集上去销售，当天全部脱手，赚了 20 元。

20 元，在当时对他来说是一笔大钱。第二天，他将 40 元全投进去，没想到两天之内顺利销出去，又赚了 30 多元。两个月下来，连本带利达到了 500 元之多。但做任何事业都不是一帆风顺的。刘昌勋认为，做人有九死一生，做事往往遭遇九次失败才有一次成功。他叔叔在前线牺牲了，家里得到了 3 000 元的抚恤金。他父亲一直把它存在银行里。无论家庭如何困难，父母也没有动用它。

两个月的节节胜利，使他由胆怯到胆大。经他反复动员，父亲终于从银行里取出来，交给了他。连本带息，加上他那 500 元，凑成了 4 000 元。他一次性买入一批药材，投入市场。一位顾客仔细辨认后，对他说："你小小年纪，却十分狡诈，学会了瞒天过海。"他委屈地申辩，直掉眼泪。这个顾客见他不是老奸巨猾，才告诉他这批药材是榨过汁的，现在只是一堆干柴，没多少药性了。

他傻了。他的本金大部分是叔叔的鲜血换来的，一堆干柴便把它全部骗走了。他的第一个反应是找供货商算账。这个骗子打一枪换一个地方，从此再也没有出现。他的第二个反应是，他也把这堆干柴糊弄出手，得一元算一元。有一位老人与他谈妥了价钱，但在老人数钱的时候，他见老人松树皮一样的手，沟壑一样的满脸皱纹，这么大一把年纪，这笔损失不等于要了老人的命吗？他觉得自己还年轻，还有机会重来。于是他点着打火机，把这些干柴全部烧了。

这次失败并没有使刘昌勋萎靡不振，他总结经验，继续奋斗，终于登上了富豪的排行榜。

意志的较量

高手相较，勇者胜。这里的"勇"不仅指的是勇气，更指勇气以外的意志、毅力。始终坚持自己的信念，没有人可以真正战胜自己。

20世纪70年代是世界重量级拳击史上英雄辈出的年代。拳王阿里已有4年未登拳台，此时体重已超过正常体重20多磅，速度和耐力也已大不如前，医生给他的运动生涯判了"死刑"。然而，阿里坚信"精神才是拳击手比赛的支柱"，他凭着顽强的意志重返拳坛。

1975年9月30日，33岁的阿里与另一拳坛猛将弗雷泽进行第三次较量（前两次一胜一负）。在进行到第14回合时，阿里已经精疲力竭，濒临崩溃的边缘，这个时候一片羽毛落在他身上也能让他轰然倒地，他几乎再无丝毫力气迎战第15回合了。然而他拼着性命坚持着，不肯放弃。他心里清楚，对方和自己一样，也是有气无力了。比到这个地步，与其说在比气力，不如说在比意志，就看谁能比对方多坚持一会儿了。他知道此时如果在精神上压倒对方，就有胜出的可能。于是他竭力

保持着坚毅的表情和誓不低头的气势，双目如电，令弗雷泽不
寒而栗，以为阿里仍存着体力。这时，阿里的教练邓迪敏锐地
发现弗雷泽已有放弃的意思，他将此信息传达给阿里，并鼓励
阿里再坚持一下。阿里精神一振，更加顽强地坚持着。果然，
弗雷泽表示"俯首称臣"，甘拜下风。裁判当即高举起阿里的
臂膀，宣布阿里获胜。这时，保住了"拳王"称号的阿里还未
走到台中央便眼前漆黑，双腿无力地跪在了地上。弗雷泽见此
情景，如遭雷击，他追悔莫及，并为此抱憾终生。

永远的微笑

  原一平在日本被称为"推销之神"。他在 1949—1963 年，
连续 15 年保持全国寿险业绩第一。其实，他身高只有 1.53
米，而且相貌不扬。在他最初当保险推销员的半年里，他没有
为公司拉到一份保单。他没有钱租房，就睡在公园的长椅上；
他没有钱吃饭，就去吃饭店专供流浪者的剩饭；他没有钱坐
车，就每天步行去他要去的那些地方。可是，他从来不觉得自
己是个失败的人，至少从表面上没有人觉得他是一个失败者。
自清晨从长椅上醒来开始，他就向每一个他所碰到的人微笑，
不管对方是否在意或者回报以微笑，他都不在乎，而且他的微
笑永远是那样的由衷和真诚，他让人看上去永远是那么精神抖
擞，充满信心。

  终于有一天，一个常去公园的大老板对这个小个子的微笑
发生了兴趣，他不明白一个吃不上饭的人怎么会总是那么快
乐。于是，他提出请原一平吃顿早餐；尽管原一平饿得要死，
但还是委婉地谢绝了。原一平请求这位大老板买一份保险，于
是，原一平有了自己的第一个业绩。这位大老板又把原一平介
绍给他的许许多多商场上的朋友。就这样，原一平凭借他的自
信和微笑感染了越来越多的人，最终成为日本历史上签下保单

感悟
ganwu

  没有人能向
原一平这样在笑
上下这样的工夫
吧！在自己最贫
困、落寞的时
候，依然洋溢着
的是脸上的微
笑，表面上是微
笑铸就的成功，
实际上又是多么
坚强的毅力的支
撑呀。

金额最多的一名保险推销员。

帮助别人，往往就是帮助自己。原一平成功了，他的微笑被称为"全日本最自信的微笑""价值百万美元的微笑"，而这样的微笑并非天生，而是长期苦练出来的结果。原一平曾经假设各种场合，自己面对着镜子练习各种笑。因为笑必须从全身出发，才会产生强大的感染力，所以他找了一个能照出全身的特大号镜子，每天利用空闲时间，不分昼夜地练习。经过一段时间的练习，他发现嘴唇闭与合，眉毛的上扬与下垂，皱纹的伸与缩，都会有不同的"笑"的含意，甚至于双手的起落与两腿的进退，都会影响"笑"的效果。

有一段时间，原一平因为在路上练习大笑，而被路人误认为神经有问题，也因练习得太入迷，半夜常在梦中笑醒。历经长期苦练之后，他的笑达到了炉火纯青的地步。原一平把"笑"分为38种，针对不同的客户，有不同的笑容；并且深深体会出，世界上最美的笑就是婴儿的笑容，那种天真无邪的笑，散发出诱人的魅力，令人如沐春风，无法抗拒。

贝多芬

贝多芬是著名的大音乐家，1770年出生于德国的一个音乐世家，自幼跟随父亲学习音乐，8岁时就举办了个人音乐会，22岁起在维也纳从事教学、演出和乐曲创作。

贝多芬有非常出众的音乐才能，17岁时，他上门向音乐大师莫扎特求教，莫扎特让他弹一首钢琴曲，贝多芬全身心投入，弹奏了一首难度很高的曲子，心想准能得到莫扎特的赞赏。但是莫扎特并没说什么，他还要进一步考查一下。

莫扎特拿起一张纸，写了一个题目递给贝多芬，他要让贝多芬按这个题目创作一首钢琴曲。贝多芬凝神沉思了一会儿，随后就弹了起来，琴声像泉水般奔涌而出，美妙的旋律在上空回荡，使莫扎特也情不自禁地拍手叫好。

贝多芬没有辜负莫扎特的期望，专心致志地勤学苦练。一次，他去一家饭馆吃饭，刚坐下来就像弹琴一样用手指在桌面上敲打起来。店里的人都感到奇怪，纷纷围过来看。过了好一会儿，贝多芬才觉察到人们在注视着他，但还是没明白是怎么回事，只是说："算账吧，我该付多少钱？"周围的人听了都哈哈大笑，因为他根本就没有吃什么东西，只顾自己去敲打了。

经过认真扎实的勤学苦练，贝多芬逐渐成长为一名杰出的音乐家，创作了数以百计的音乐作品。但从 1816 年起，贝多芬的健康状况越来越差，后来耳病复发，不久就全聋了。作为一个音乐家，失去了听觉就意味着将要离开自己喜爱的音乐艺术，这个打击简直比判了死刑还要痛苦。但是贝多芬没有被吓倒，他说："我要扼住命运的咽喉，它决不能使我屈服。"

贝多芬又开始了与命运的抗争。除了作曲外，他还想担任乐队指挥。结果在第一次预奏时弄得大乱，他指挥的演奏比台上歌手的演唱慢了许多，使得乐队无所适从，混乱不堪。当别人写给他"不要再指挥下去了"的纸条时，贝多芬顿时脸色发白，慌忙跑回家，痛苦得一言不发，难过极了。

在万分痛苦中，贝多芬没有消沉下去，他以极大的毅力克服耳聋带给他的困难。耳朵听不到，他就拿一根木棍，一头咬在嘴里，一头插在钢琴的共鸣箱里，用这种办法来感受声音。这样，他不仅创作出了比过去更多的音乐作品，还能登台担任指挥了。1824 年的一天，贝多芬又去指挥他的《第九交响乐》，博得全场一致喝彩，共响起了五次热烈的掌声，然而，他却丝毫没有听到，直到一个女歌唱家把他拉到前台时，他才看见全场纷纷起立，有的挥舞着帽子，有的热烈鼓掌。这种狂热的场面，令贝多芬激动不已。

1827 年 3 月 26 日，贝多芬在维也纳病逝。他一生创作了9 部交响乐，其中尤以《英雄交响乐》《命运交响乐》《田园交

感悟
gǎnwù

贝多芬是一个奇迹，他双耳失聪，却给人类留下了最美妙的音乐。伟人就是伟人，任何赞美贝多芬的话都是苍白无力的，还是引用一句他自己的话吧，"我要扼住命运的咽喉"，他真的扼住了命运的咽喉。

响乐》《合唱交响乐》最为著名，此外还有 32 首钢琴奏鸣曲，以及大量的钢琴协奏曲、小提琴协奏曲等。他一生为音乐的繁荣发展作出了巨大贡献。

鹰与蜗牛

鹰又飞临这座高耸入云的峰顶。

这是一只躯体异常巨大、姿势英武的鹰，它每年都要到这座峰顶上来一两次，可每次来，它心中总是矛盾重重。它是飞禽中唯一能飞上这峰顶的鹰，这使它骄傲，可也正因为如此，它又感到了莫大的孤独。在这渺无人烟的峰顶，它没有高视阔步，只是懒洋洋地浏览一遍它熟悉而又陌生的景物，像完成什么心愿似的，然后它就会离去。

可是，鹰眼一扫，它发现这人烟绝迹的峰顶又有了另一个生命，而且还是它不认识的生命。鹰忙警觉地问："你是谁？是这儿的居民吗？"

"不，我是刚由下面爬上来的，我叫蜗牛！"那小东西这样回答。

鹰大为惊诧，不由自主又审视了对方一番，才说："啊，你是蜗牛！在这峰顶上，你是我见到的第一个生命了。"

蜗牛说："你也是我见到的第一个生命。"

鹰笑起来："你这个小家伙，的确让我感到惊奇。"

蜗牛问："为什么？"

鹰深深吸了一口气，刹时间又恢复了那种威慑百禽的英姿，它高傲地说："百禽之中，唯一能飞上这峰顶的是我，而兽类中，虽然狮子、老虎很强壮，猿猴很善于攀登，但也没有听说它们哪个能登上这峰顶。可是，我今天却在这里瞧见了你，一只名不见经传的小小的蜗牛，你竟然上了峰顶，这怎不叫我惊奇！"

感 悟
gǎnwù

对鹰而言，登上悬崖只是一种寻常事，但对蜗牛来讲，这需要多少坚持呀！不惯多困难，蜗牛的原则就是一步一步走下去，不放弃努力，终于获得了成功。世界上的事情，只要你认真去做，拿出蜗牛的精神，就能成功。

蜗牛说:"我没有翅膀,不善跑也不善攀缘,可是我有毅力,我有百折不挠的信心和勇气,所以我迟早会登上这峰顶的。"

鹰笑道:"但你还是让我感到惊奇。"

"这不奇怪。"蜗牛认真地说,"也许你认为毅力、信心、勇气只是一些虚无的东西,但对我而言却是实实在在的。因为我跑不快,只能一步一步慢慢地走,我便从不异想天开,也不投机取巧,更不急功近利,我甚至不知道我能爬到山顶,但我向往高高的山峰啊。于是,我就这样一步步走下去,不管时间多久,我愿意坚持做这件事,不放弃这个努力——天啊,我成功了!"

鹰重新打量蜗牛,最后点头说:"你说得对,看来有时毅力比天才更让人敬佩!"

《嘉莉》的诞生

一位熨衣工人周薪只有 60 元,他的妻子上夜班,不过即使夫妻俩都工作,赚到的钱也只能勉强糊口。他们的婴儿耳朵发炎,他们只好连电话也拆掉,省下钱去买抗生素治病。

这位工人希望成为作家,夜间和周末都不停地写作,打字机的噼啪声不绝于耳。他的余钱全部用来付邮费,寄原稿给出版商和经纪人。

他的作品全被退回了。退稿信很简短,非常公式化,他甚至不敢确定出版商和经纪人究竟有没有真的看过他的作品。

一天,他读到一部小说,令他记起了自己的某部作品,他把作品的原稿寄给那部小说的出版商,他们把原稿交给了皮尔·汤姆森。

几个星期后,他收到汤姆森的一封热诚亲切的回信,说原稿的瑕疵太多。不过汤姆森的确相信他有成为作家的希望,并

不坚持到最后，你永远都不会知道自己的价值，有价值的东西在当时可能会一时得不到承认，但自己一定要坚持，就像梵高一样，尽管生前没有一个人承认他的绘画，但他却真的是很棒的画家，这也源于他对艺术的坚持，万事皆如此。

鼓励他再试试看。

在此后 18 个月里，他再给编辑寄去两份原稿，但都退回来了。他开始试着写第四部小说，不过由于生活逼人，他开始放弃希望。

一天夜里，他把原稿扔进垃圾桶。第二天，他妻子把它捡了回来。"你不应该中途放弃，"她告诉他，"特别在你快要成功的时候。"

他瞪着那些稿纸发愣。也许他已不再相信自己，但他妻子却相信他会成功。因此每天他都写 1 500 字。

他写完了这部小说以后，把它寄给了汤姆森，不过他以为这次又准会失败。

可是他错了。汤姆森的出版公司预付了 2 500 美元给他，于是史蒂芬·金的经典恐怖小说《嘉莉》诞生了。这本小说后来销了 500 万册，并摄制成电影，成为 1976 年最卖座的电影之一。

再坚持一下准能成功

约翰经营了一家公司，他是一位 70 多岁的老人，可他不愿待在家里过悠闲的生活，他每天都要到公司去转转。他有个很古怪的习惯，就是喜欢趴在门缝边看他的员工都在干些什么，或者干脆不敲门就直接闯进去，弄得员工们都很尴尬，可老约翰却哈哈大笑起来。他对公司里的员工很是和善。哪位员工没把事做好，他总是走过去说：伙计，别灰心，再坚持一下准能成功，然后在这个员工的肩上拍一拍。就这样大把大把的钞票就流到了老约翰的口袋里。

有一天，他公司新产品研发部的杰克走进了他的房间。米黄色的地板一尘不染，室内的景致错落有致。老约翰坐在办公桌前，脑门被射进来的阳光照得油光发亮。杰克心想："这个

老头有什么本事拥有这么多的财富。我什么时候能有这么大的房子。"这次他来是为新产品研发的事，他说："董事长，很抱歉，新产品研制实验失败了。"老约翰不慌不忙地说："来来来，有什么事坐下再说。"他指了指一旁的椅子，"有什么困难，坚持一下，或许就会成功的。"杰克沮丧地说："都一百多次了，我看就算了吧。"老约翰朗朗一笑："小伙子，我让你任主管就相信你一定能行的。别灰心啊！"杰克觉得自己实在无计可施了，只得说："你再换个人吧，我实在是没办法啊。我已尽力了。"老约翰朝椅背上靠了靠："还是让我给你讲个故事吧。我27岁那年还一事无成。我就不断地对自己说：我一定能成功的。就这样三年过去了，我终于研制成功了一种新型的节能灯。但是，你知道，下一步就是最重要的一步，需要资金来把它推向市场。可我那时还一事无成，哪来资金？不过我终于说服了一个银行家为我的灯投资。下一步好像就只要等着回收大把大把的钞票了，可并不是这么回事。很显然，这种灯一旦投放市场，其他的灯类销售就会受到影响。别的灯具公司就开始百般阻挠。不幸的是我又得了病，医生要我住院治疗。这就给了他们可乘之机。我躺在床上毫无应对之策。这时其他灯具公司又在报上说我得了不治之症，很可能活不久了。投资节能灯纯粹是为了骗银行家的钱。更糟糕的是，这位银行家相信了报上的消息，撤销了投资。这对我简直是最大的打击。在我一再的坚持下，医生同意陪我去见银行家。我在他面前必须坚强：'先生，你相信报上的消息哦？'我摆了个潇洒的姿势。他看到我的精神这么好有点动摇了。你知道下面的事就好办多了，最终我又说服了他。可当他刚走出去，我就一下子瘫倒在地，医生马上把我送到了医院。就这样，我才有了今天的一切，你还要放弃吗？"

·独自飞上蓝天·

1976 年 7 月 28 日，在美国俄勒冈州的梅德福机场，从事飞行 25 年的潘·帕特森从未碰到过这种奇事，他面前这个坐在轮椅里的年轻人麦克·亨德森，一个四肢瘫痪的人居然想学飞行。帕特森瞟了一眼亨德森的四肢，他的大腿软弱无力，根本无法使用尾舵踏板，他又怎么能驾驭一吨多重的飞机呢？最让这位飞行教员伤脑筋的是亨德森的手，他的五指虽在，但简直不能动。帕特森认为这是不可能飞行的。然而是什么促使他没有照直说呢？也许是眼前这个年轻人显而易见的决心以及他那迫切的<u>表情</u>。无论如何，有某种东西在这位直率健壮的飞行教员内心引起了共鸣。他说："也许我可以教你，但按照联邦飞行条例，你必须具备自己上下飞机的能力。"说罢，朝不远一架单引擎教练机努努嘴："我去准备一杯咖啡，如果我回来的时候你登上了飞机，那我们就算说定了。"

8 年前，22 岁的亨德森是一名海岸警卫队队员，一次不幸从船坞上跌落下来，刚巧摔在一根漂浮着的圆木上，摔伤了第五根与第六根脊椎骨，致使他胸部以下完全瘫痪，手臂也没有多少活动能力。医生说他永远也站不起来了，没有别人的帮助就无法生活下去。但他仍然坚持积极锻炼以恢复身体。

3 个星期以前，他被人抬着坐了一次飞机。当时他想到自己可以学开飞机。他有时间，有特级抚恤金做学费。但他主要担心的是自己是否有操纵飞机的能力。然而现在他才认识到，登上飞机的艰难也许不亚于驾驶它。他身体的恢复还远远胜任不了一架派珀·切罗基的挑战，那驼峰似的座舱、宽宽的下翼在早霞中光彩夺目。亨德森将轮椅靠近机身，一只手搭在机翼的后缘，另一只手支撑在轮椅上，尽可能将自己撑了上去。然后转身面对着机身，用右肘机敏地挪动着，一点一点地向驾驶舱移动。帕特森在屋子里目睹了这一切。真是难以令人相信。

感 悟
gǎnwù

面对自己的身体状况，生存下来都是需要勇气的，而坚强的亨德森，不仅积极锻炼、以求生存，而且终于可以驾驶飞机了。几番汗水，几多辛酸，或许只有亨德森知道，是他的意志使他出类拔萃，这一点是无疑的。

他说："简直是在机翼上匍匐前进。只能用这个词来形容。他用了45分钟，当我走出去的时候，他正坐在驾驶员的位置上，血从磨破的肘部流出，舱内到处是血污。看到他经受了如此的痛苦，我知道没有什么能阻止他的决心。"

但当帕特森送亨德森去联邦航空局作体格检查时，担任检查的医生——一位老资格的飞行员戴维·斯托达德博士感到为难。他在电话里说："我的天，他身体能动的部位还不到10%！"帕特森坚持己见，并说，如果他为自己这个学生的飞行技能担保，那么医生是否愿意与亨德森一同飞行，以亲眼鉴定？医生同意了。

现在的一切都取决于教员和学生了。他们一起着手解决新出现的每一个问题。利用毯子的摩擦可以使亨德森登上光滑的机翼。戴在头上的一套通信设备可以使他不必用手拿着无线电话筒。他们还把舵柄改成垂直移动，这样可以使亨德森不用脚而用右臂来操纵不易控制的尾舵。让帕特森高兴的是亨德森的手指显得越来越灵活，但他担心他的气力不够，这样在大风时起飞和着陆，就无法将驾驶杆拉回来。亨德森想了个主意，为什么不做一个金属钩套在他的手腕上？这样放拉不就都自如了吗？亨德森自己在家做的头一个样品，生铁把手腕都磨破了。后来他又用医院的轻铝板与一只手套固定在一起，使用起来很是方便。

进行了几周的训练之后，他们便给斯托达德打了电话。医生在机场亲眼目睹了亨德森坐在轮椅上灵巧地围着飞机绕了一圈，仔细地进行例行飞行前的地面检查。在教员和医生都上了飞机之后，他又作了起飞前的仪表检查。几分钟后，马达轰鸣，飞机向跑道的尽头冲去，然后跃入灰色的天空。

飞机对准了喀斯开与锡斯基尤山脉之间的宽阔飞行通道，亨德森像他的教员一样灵巧地作了一个大角度转弯，然后回头对惊呆了的医生嫣然一笑，并举起双手示意他完全是自己一个人在驾驶。

1976年11月14日，亨德森在空中飞满了20个小时。飞机稳稳地停下来后，帕特森跳下飞机，转身对亨德森喊道："再飞两个起落，我在办公室等你!"放单飞的时刻终于来到了，亨德森用右手推上油门，松了手闸，调整一下方向便滑出跑道。几分钟之后他便飞上蓝天。

在1 000英尺的高度，亨德森感到一阵未曾有过的激动，他浮想联翩："这是我有生以来做过的最伟大的事情。"帕特森在地面期待着。"怎么样?"他问。"简直像在梦幻中!"亨德森回答。他想："这是一生中确实能为自己的安危完全负责的时刻，而我现在就能做到这一点!"

以后的几个月里，亨德森在斯托达德医生的帮助下，成为第一个通过仪表鉴定获得民航机驾驶员执照的四肢麻痹患者。斯托达德医生说："是亨德森的意志使他出类拔萃，他的成功确实是一鸣惊人，令人难以置信。"亨德森的教员帕特森则说："去和亨德森飞一次，你就会理解他。"

格兰特患癌之后

癌症等于死亡，如果一个人被确诊为癌症，没有多少人能够坦然面对它。然而就有这么一个坚强的人，靠着自己的毅力与病魔作斗争。他就是格兰特将军。

1884年6月2日，尤利赛斯·S.格兰特在品尝蜜桃时，咽喉与面腮猛然一阵疼痛。此后，咽喉持续几星期，干燥不适，不时猝然阵痛。费城著名的外科医生J.M.达科斯塔闻讯来到格兰特的住所为他作了检查，发现将军的舌部长有息肉。格兰特并没有为此惊慌失措。

四个月后，病情更为严重，他的妻子朱丽埃·格兰特执意要这位前总统进行药物治疗，并请来了闻名纽约的五官科医生约翰·道格拉斯。道格拉斯与格兰特并非初次接触，早在唐纳

尔逊堡战役中他们就相识了。检查后，道格拉斯诊断格兰特口中息肉为癌组织。

格兰特问道："是癌吗?"

道格拉斯毫不迟疑但怀有希望地回答："将军，病情严重……不过日后能够康复。"曾护理过德国弗莱德立克三世和詹姆斯·加弗尔德总统等社会名流的著名整形外科医生乔奇·夏莱梯认为无效的切除并不能根治疾病，提出不做外科手术。他们决定给格兰特使用可卡因。

开始，格兰特每天两次乘有轨电车去道格拉斯的诊所喷注可卡因。后来这位著名的病人病得无法行走，道格拉斯便登门给他用可卡因、吗啡与白兰地。病危中，格兰特把自己视为普通病人，不带偏见，协同医生研究可卡因的使用效果。在给道格拉斯的信中，他谈到了可卡因的作用："适量使用，能奇迹般地减轻病痛，用药部位四周会渐渐失去感觉，麻痹不适，但不疼痛。如不用药，不患病部位没有不适之感，但这些部位的运动会使有病部位产生疼痛。总觉得用药次数过多。总而言之，我的结论是疼痛难熬时再用药，就像昨天那样。我将限制用药，可你知道，这谈何容易。"此时又传来了糟糕的消息：格兰特与金融家渥德合办的一家投资公司破产倒闭。正由于《哈克·贝利历险记》成功而踌躇满志的马克·吐温得知这一情况后，伸出了热情的双手。马克·吐温以一家出版公司董事的身份鼓舞格兰特撰写回忆录，为后代留下精神财富，并答应慷慨解囊，为版权提供优厚的报酬。真是"山重水复疑无路，柳暗花明又一村"，尽管病魔缠身，格兰特感到生活有了新的目标。每次可卡因治疗后，他就继续写他的回忆录，有时口述让别人代写，有时自己亲自动手写，每次总要写上好多页。他以顽强的毅力，不屈不挠地进行写作。马克·吐温认为他的回忆录能与恺撒的《评论集》媲美。但不久，格兰特又失去了语言能力。他的妻子不相信也不愿相信自己的丈夫已面临死亡，

感悟
ganwu

身体的病痛已经使格兰特疼痛难忍了，他竟然还有毅力写下自己的回忆录，无法想象他是如何忍受着病痛的折磨的，我们看到的只是坚强的格兰特，是有着顽强毅力的格兰特。

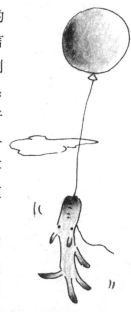

可格兰特深感病情严重，嘱咐道格拉斯不要为他再奔波。1885年7月23日，他与世长辞了。

在他临终前五天，他的第二卷《回忆录》交付印刷。这是用毅力写成的巨著。"这本著作证实了人类的力量与尊贵，"后人赞颂道，"通过这套书，人们看到格兰特是他们所知的最坚强的人，我敬慕他胜过林肯。"

轮椅上的巨人

一张平平凡凡的轮椅，一个干干瘦瘦的中年残疾人。在强烈的灯光下，在空空洞洞的一个大讲台上，霍金教授在作他难得一次的公开演讲：宇宙的未来。他的头歪着，唇不动，身子也不动，一个小时，他的讲词是预先录音的，从广播器放送出来，不是美国音，不是欧洲音，也不是剑桥大学的 BBC 音，而是电脑"声音合成器"造出来的声音，有些金属性。在2 500个听众挤满了的礼堂里，每个人都静静地听，静静地看，静静地感觉。对任何一个人来说，这都是一次大震惊，是一种奇特的经历。他的身体像个45岁的木乃伊，脑袋却那样美丽，是天文物理、理论物理界最聪明的一个脑袋。

他像上帝一样解释宇宙……题目大，立论深，或许没有人能全部听懂：时空既然有始有终，"无限"和"永远"是什么意思……懂与不懂，喜欢与不喜欢，对霍氏的科学无关，霍金给人们带来的震惊，不全是科学，他讲演的方式和内容也不全是科学，就是他畅销 600 万本，译成 31 种语言的《时间简史》，也不是严谨的科学专著。这些都不重要，重要的是，在会场上的听众，都被他领到了太空，拜访宇宙的开始、宇宙的结束。他像上帝一样用天体运行的定律，有规有矩地解释宇宙的演进。在他的大统一定律里，天、地、人都包括了，科学、哲学和宗教都包括了，这样怎能不使人震惊？当我们感到我们的思想被人引导着在浩瀚宇宙中无边无际地神游时，这个引导者是一个坐在轮椅上、死去一大半的人。我们禁不住问自己："死"是什么？听说他花了 10 天的工夫才完成那一个小时讲演的录音。他仍然是眼明耳聪，但问他一句话，五六分钟才得到一句简单的回答。与他同住同行的共 5 个助手，3 个护士照顾他的饮食起居，一个司机管理他特制的汽车，一个助教替他阅读和写作。在他剑桥大学办公室里，有一张特制的大书桌，他的助教把重要的文献复制后列成单行的一长篇，他可以在轮椅上，由左向右慢慢移动阅读，其他的报章杂志则由助教读给他听。近年来，他读得不多，但读得精密。他的脑子里装满了数字和方程式，就像莫扎特装满了整曲整曲的交响乐一样。"想"比"读"还重要。有一天他的思想会不会永远被锁住？没有人知道。没有人知道他的 3 个手指什么时候会失灵，也没有人知道他的病什么时候会把他带走。30 年前他在剑桥大学研究所患了这种肌肉退化的病，这种患者平均只有两年半好活，那时他曾酗酒，他曾失望地等死，一年之内他就由每天骑脚踏车到被迫靠手杖步行，他的女友却宣布与他立即成婚，婚后他们有了 3 个孩子（二男一女）。有人说他能这样奇迹一样地活下来，能有这样一番惊天动地的事业，全是由他勇敢而挚爱的妻子赐予的。霍金来了又走了。那扭曲的干瘦身体，在轮椅上扩大，像大爆炸那样膨胀着，经过行星、恒星、天河，飞到 100 亿年之前，飞往 10 亿年之后，一个顶天立地的巨人！如果，明天他的 3 个手指不能动了呢，他的脑子还那么美丽。如果他的思想也被永远锁住了呢？那岂不是一个永不能醒的梦魇？有一天，他的轮椅会收藏在大英博物馆里成了历史，他的思想呢？

霍金是我们这个时代的奇迹，他改变了我们对世界的看法。只是他是在什么样的状态下从事自己的工作的呢，这是常人无法想象的。除了他的天才的智慧外，我们还能看到点什么呢？

你也能成为亿万富翁

某老师在一堂咨询课上讲了两个故事：

其一，有人去买警犬，一只要10万元，而另一只要100万元。到底有什么区别呢？买主拿了一包海洛因给它们闻，然后藏起来。两条警犬同时被放出，它们同时找出了海洛因。

"10万元和100万元也差不多嘛。"买主说。但卖警犬的人提议再试一次。同样是藏海洛因，但这次在路上出现了一条母狗。两条警犬被放出后，同样直奔海洛因所在地。区别出来了：卖10万元的警犬开始注意母狗，越跑越慢，并且与母狗亲热起来了。而卖100万元的警犬视若无物，狂奔至终点。

所以，10万与100万还是有本质区别的，即目标明确后，能否经受住各种诱惑。能够经受各种诱惑，始终如一地朝着目标进发，才能真正完成好任务。而老是受到各种干扰，完成任务的时间、质量就要打折扣。

其二，如果你每年年底存1.4万元，并且将存下的钱都投资到股票或房地产上，因而获得平均每年20%的投资回报率，那么10年后，是36万元。

老师询问如果存40年后是多少？大家纷纷说出自己的答案，不过最多的猜是两三百万元。

老师一步一步地演算给大家看，最后却是1.028 1亿元！

全场的人都惊呆了！

感悟
ganwu

成功的关键是目标明确后，坚持，坚持，再坚持。但坚持10年就已经不易了，而要坚持40年真是难上加难，奇迹就是这样创造的。

第 *6* 章
思路决定所有的路

　　思路其实是智慧的代名词，是创造力的代名词，思路不对，生活就如同一潭死水；没有创造力，生活就永远不会有激情，永远是干枯晦涩的。通往成功的道路虽然各不相同，但正确的思路如同源头活水，不断地滋润丰盈你的人生。

　　脱下习惯的帽子，带上创造的帽子，没有人可以抢走你的成功。成功的机会，有时就在你身边，但机会在我们身边的时候，并不是打扮得花枝招展，而是普普通通的，有时甚至根本就不起眼，这就看你是不是有一双慧眼，会不会抓住它，利用它，从而达到自己成功的彼岸。而这个过程，需要自己有敏捷的思维，否则，再多的机会也会流失殆尽的。

　　打开自己的思路，世界就是一个全新的世界，人生也是一个全新的人生。

1 毫米的故事

美国有一家生产牙膏的公司，产品优良，包装精美，深受广大消费者的喜爱，每年的营销额蒸蒸日上。记录显示，前10年，公司每年的营业额增长率为10%—20%。这令董事会兴奋万分。

不过进入第11年、第12年、第13年时，营销额则停滞下来，但每月大体维持在同样的水平，董事会对此3年的业绩表现感到强烈不满，便召开经理级以上的高层会议，商讨对策。

会议中，有名年轻的经理站了起来，对总裁说："我有一张纸条，纸条里有个建议，若您要采用我的建议，必须另付我5万美元。"

总裁听了很生气地说："我每个月都支付给你薪水，另有分红、奖金，现在叫你来开会讨论对策，你还另外要求5万美元，是不是太过分了？""总裁先生，请别误会，您支付我的薪水，让我平时卖力为公司工作，但这是一个重大而又有价值的建议，您应该支付我额外的奖金。若我的建议行不通，您可以将它丢弃，1分钱也不必支付。但是，您损失的必定不止5万美元。"年轻的经理说。"好，我就看看它为何值这么多钱？"总裁接过那张纸条，阅毕，马上签了一张5万美元的支票给那个年轻的经理。那张纸条上只写了一句话："将现在的牙膏开口直径扩大1毫米。"

总裁马上下令更换新的包装，试想：每天早晚，消费者多用直径扩大了1毫米的牙膏，每天牙膏的消费量多出多少倍呢？这个决定，使该公司第14个年头的营业额增加了32%。

换个角度思考

一位少年正与一位年过古稀的老人争辩。

老人得意洋洋地说："哈哈！太阳围着我转了八十多年了，我还没有死。它说不定还会围着我再转二十年哩。"

"不对！是您围着太阳转了八十多年了！"少年说。

"什么？我围着太阳转？胡说八道！我每天搬个小凳子坐在院子里，太阳从东边升起，从西边落下，明明是我不动，太阳动，你怎么说是我围着它转呢？"

"那不是太阳在动，是地球在动。您每天坐在地球上，围着太阳，旋转八万里呢！"少年说。

"你说地球会转？"老人惊奇地问。

"对！它不仅会围着太阳转，而且自己也会转。"

"那我怎么没有从地球上跌下去？"老人不服气地说。

"那是因为有地球的引力。"

"地球的引力？那它怎么没把月亮、星星引到地球上来？"老人反驳道。

"那是因为地球的引力也是有限的……"

"有限的？谁限制了它？天底下难道有人在限制地球？"老人争辩道。

"那是……"少年尽自己所知，向老人解释着，与他争辩着。

最后，老人无话可说，只好叹气道："唉！活了八十多年，居然被太阳和地球骗了八十多年！"

"不！它们没骗您，是您自己把它们看错了。"

"可是，我又怎么会看错呢？"老人不解。

感悟
gǎnwù

同样的事物，因为看的角度不同，所以就有了不同的结果。其实，调整自己的观念，才是得到正确答案的关键。

"那是因为您站的角度不同。假如您不是站在地球上，而是站在太空的另一个星球上，那么，情况就不一样了!"少年说。

"说的是呀。"老人若有所思，"世上之人看事情也是如此，只因站的角度不同，往往把一个事物看得天差地别，还以为自己受了它们的欺骗，实际上，错在我们自己呀。"

索尼的内部跳槽

有一天晚上，索尼董事长盛田昭夫按照惯例走进职工餐厅与职工一起就餐、聊天。他多年来一直保持着这个习惯，以培养员工的合作意识和与他们的良好关系。

这天，盛田昭夫忽然发现一位年轻职工郁郁寡欢，满腹心事，闷头吃饭，谁也不理。于是，盛田昭夫就主动坐在这名员工对面，与他攀谈。几杯酒下肚之后，这个员工终于开口了："我毕业于东京大学，有一份待遇十分优厚的工作。进入索尼之前，对索尼公司崇拜得发狂。当时，我认为我进入索尼，是我一生的最佳选择。但是，现在才发现，我不是在为索尼工作，而是为科长干活。坦率地说，我这位科长是个无能之辈，更可悲的是，我所有的行动与建议都得科长批准。我自己的一些小发明与改进，科长不仅不支持，不解释，还挖苦我癞蛤蟆想吃天鹅肉，有野心。对我来说，这名科长就是索尼。我十分泄气，心灰意冷。这就是索尼？这就是我的索尼？我居然放弃了那份优厚的工作来到这种地方!"

这番话令盛田昭夫十分震惊，他想，类似的问题在公司内部员工中恐怕不少，管理者应该关心他们的苦恼，了解他们的处境，不能堵塞他们的上进之路，于是产生了改革人事管理制度的想法。之后，索尼公司开始每周出版一次内部小报，刊登公司各部门的"求人广告"，员工可以自由而秘密地前去应聘，他们的上司无权阻止。另外，索尼原则上每隔两年就让员工调换一次工作，特别是对于那些精力旺盛，干劲十足的人才，不是让他们被动地等待工作，而是主动地给他们施展才能的机会。在索尼公司实行内部招聘制度以后，有能力的人才大多能找到自己较中意的岗位，而且人力资源部门可以发现那些"流出"人才的上司所存在的问题。

这种"内部跳槽"式的人才流动是要给人才创造一种可持续发展的机遇。在一个单位或部门内部，如果一个普通职员对自己正在从事的工作并不满意，认为本单位或本部门的另一项工作更加适合自己，想要改变却并不容易。许多人只有在干得非常出色，以至感动得上司认为有必要给他换个岗位时才能如愿，而这样的事普通人一辈子也难碰上几次。当职员们对自己的愿望常常感到失望时，他们的工作积极性便会受到明显的抑制，这对用人单位和职员本身都是一大损失。

一个单位，如果真的要用人所长，就不要担心职员们对岗位挑三挑四。只要他们能干好，尽管让他们去争。争的人越多，相信也干得越好。对那些没有本事抢到自认为合适的岗位，又干不好的剩余员工，不妨让他待岗或下岗，或者干脆考虑外聘。索尼公司的内部跳槽制度就是这样，有能力的职员大都能找到自己比较满意的岗位，那些没有能力参与各种招聘的员工才会成为人事部门关注的对象，而且人事部门还可以从中发现一些部下频频"外流"的上司们所存在的问题，以便及时采取对策进行补救。这样，公司内部各层次人员的积极性都被调动起来。当每个干部职工都朝着"把自己最想干的工作干好，把本部门最想用的人才用好"的目标努力时，企业人事管理的效益也就发挥到了极致。

内部候选人已经认同了本组织的一切，包括组织的目标、文化、缺陷，比外部候选人更不易辞职。

┃感悟
ganwu

这就是所谓的通过排列组合的量变达到质变，内部资源不经过合理的调整，就会僵化甚至老掉。做人也是这样，把自己生活的各个环节安排好了，生活也就如鱼得水。而所有这些转变的前提是思路的重组。重组思路，不仅需要合适的机会，更需要智慧、敏锐的鼻子和能够远观眺望的双眼。

163

赚钱智慧只需一点点

从前，在一个贫瘠偏僻的小山村里，有两个青年，打算一同开山，各自进行了规划后，就开始付诸行动，并真的做到了。然而，两个人对于石块的处理却很不同。一个把石块儿砸成石子运到路边，卖给建房人盖房子，一个直接把石块运到码头，卖给杭州的花鸟商人。因为这儿的石头总是奇形怪状，他认为卖重量不如卖造型，这样就可以取巧，赚得很多钱。当时，很多人都奇怪于他的做法，有些人甚至不屑一顾，认为这些石头卖给商人能做什么，因为对于那些世世代代待在山里的人来说，石头只能用在砌墙上面。当然，也有些人等着看好戏，静观其发展。还有些人当面说风凉话，给这个青年泼冷水。但他都没有气馁过。

三年后，卖怪石的青年成为村里第一个盖起瓦房的人。后来，上面的政策发生了变化，要求山民不许开山，只许种树，于是这儿成了果园。还是这个小伙子，最先发现了契机，并付诸了实践。每到秋天，漫山遍野的鸭梨招来八方商客。他们把堆积如山的梨子成筐成筐地运往北京、上海，然后再发往韩国和日本。因为这儿的梨汁浓肉脆，香甜无比。

然而，事情又发生了戏剧性的变化。这些变化让人目不暇接。就在村上的人为鸭梨带来的小康日子欢呼雀跃时，曾卖过怪石的人卖掉果树，开始种柳。因为他通过观察发现，来这儿的客商不愁挑不上好梨，只愁买不到盛梨的筐。因为大家目标都锁定在鸭梨上，没有人关注更好的商机，这个小伙子又一次把这个绝妙的契机给抓住了，他独辟蹊径，开始做起了筐的买

成功不是一件很难的事，有时仅需要一点点智慧就够了，貌似平凡的头颅里会有许多不平凡的智慧，只要你肯多动一下脑子，多从别人无法想到的地方出发，就可以得到"蓦然回首，那人却在灯火阑珊处"的效果。

卖。五年后，他成为第一个在城里买房的人。

再后来，事情又发生了变化。一条铁路从这儿贯穿南北，这儿的人上车后，可以北到北京，南抵九龙。小村对外开放，果农也由单一的卖果开始发展到果品加工及市场开发。就在一些人开始集资办厂的时候，那个人又在他的地头砌了一道三米高百米长的墙。这道墙面向铁路，背依翠柳，两旁是一望无际的万亩梨园。坐火车经过这里的人，在欣赏盛开的梨花时，会醒目地看到四个大字：可口可乐。据说这是五百里山川中唯一的一个广告，那道墙的主人仅凭这座墙，每年又有四万元的额外收入。

20 世纪 90 年代末，日本一著名公司的人士来华考察，当他坐火车经过这个小山村的时候，听到这个故事，马上被此人惊人的商业化头脑所震惊，当即决定下车寻找此人。

当日本人花费很大力气找到这个人时，吃惊地发现他正在自己的店门口与对门的店主吵架。原来，他店里的西装标价 800 元一套，对门就把同样的西装标价 750 元；他标 750 元，对门就标 700 元。一个月下来，他仅批发出 8 套，而对门的客户却越来越多，一下子发出了 800 套。

日本人一看这情形，对此人失望不已，心里非常郁愤，觉得受了蒙蔽。但当他弄清真相后，又惊喜万分，当即决定以百万年薪聘请他。原来，对面那家店也是他的。

无论人生遇到什么样的际遇，都会有两个机会：一个是好机会，一个是坏机会。好机会中，隐藏着坏机会，而坏机会中，又隐藏着好机会。关键是我们以什么样的眼光、什么样的心态、什么样的视觉去对待它。对那些乐观旷达、心态积极的人而言，两个都是好机会；对那些悲观沮丧、心态消极的人而言，则两个都是坏机会，关键是看你要怎样看这样的机会。

人生的两个机会

2003年冬天的一个午后，寒风凛凛的美国加利福尼亚州的某个海湾，一个22岁的年轻人不顾刺骨的寒风，一个人默默地坐着。从他的面容看去，他非常难过，却很无奈。

原来，他刚刚大学毕业不久，在当年的冬季征兵中不幸被依法选中，即将到最艰苦也最危险的海军陆战队服役。这个消息不啻一个天大的打击，使年轻人无法抬起头来。如果在海外服役期间又不幸牺牲，那将是多么可怕啊！

年轻人自从获悉自己被海军陆战队选中的消息后，便显得忧心忡忡，整日郁郁寡欢，失去了往日的活力和快乐。

在加州大学任教的祖父见到孙子一副魂不守舍的样子，便找了一个看似偶然的机会，开导他说："孩子啊，这没什么好担心的，其实有很多机会和选择的。"

年轻人迷惑不解地看着祖父，感到不可理解。

祖父微笑着说道："如果到了海军陆战队，你将有两个机会，一个是留在内勤部门，一个是分到外勤部门。如果你分到了内勤部门，就完全用不着去担惊受怕了，是不是？"

年轻人问爷爷："那要是我被分配到了外勤部门呢？"

爷爷说："那同样会有两个机会，一个是留在美国本土，另一个是分配到国外的军事基地。如果你被分配到美国本土，那又有什么好担心的嘛！"

"那么，若是被分到国外的基地呢？"

"那也有两个机会，一个是被分配到和平而友善的国家，另一个是分配到海湾地区，如果把你分配到和平友善的国家，那也是值得庆幸的事啊！"

"爷爷，那要是我不幸被分到海湾地区呢？"

"你同样会有两种机会，一个是留在总部，另一个是被派到前线作战。如果你被分配到总部，那又有什么需要担心的呢?"

"那我若不幸被派往前线作战呢?"

"那同样还有两个机会，一个是安全归来，一个是不幸负伤。如果你能够安全归来，那担心岂不是多余的?"

"那要是不幸负伤了呢?"

"也有两个机会，一个是只负了点轻伤，没有任何生命危险，另一个是身受重伤，危及生命安全。如果只是负了点轻伤，那又何必过分担心呢?"

"那要是不幸身负重伤呢?"

"你同样拥有两个机会，一个是依然能够保全性命，另一个是完全救治无效。如果尚能保全性命，还担心什么呢?"

年轻人最后问:"那要完全救治无效怎么办?"

爷爷听后哈哈大笑说:"那你人都死了，还有什么可担心的呢?"

年轻人终于眉开眼笑了，马上释然，心情大变。

猫有猫的方向

我小时候喜欢猫，喜欢所有的猫。

但是有一个问题，家里的猫都憎恨我。它们一看见我，听见我的声音，就恨恨地跑掉。那时我 7 岁。

我想成为科学家，于是决定研究自己和猫之间的问题。一天我正站在起居室里，斯特里佩，家中最老的那只猫，漫步走入，一直走到我面前。我抱起它，踱了一会儿，便把它放到沙发上。

霎时间它像是生气了，把我吓了一跳。它甩着尾巴，发着无名之火。过了一会儿，它跃下沙发，坐在地上，依然怒气未消。接着它走出房间，原路返回，回到了前厅，仍然是气呼呼的样子。

它走到楼梯口，坐下，依然生着气。后来它沿着原路，再次走进起居室，一直走到刚才我抱起它的地方，坐了下来。现在看起来它不再生气了，换上了一副迷惑不解的表情。它坐了约一分钟，困惑地四下张望。最后它突然起来，向我抱起它时它正要去的那个方向走去。现在，它看起来心平气和，目标明确。

我吃惊极了，这是怎么回事？作为"科学家"，我得出一个结论：斯特里佩做事是有计划的。它在楼上一觉醒来，肚子饿了，知道食物在厨房里，于是它出发了，下了楼来到前厅。"通往厨房的门关着，没关系，穿过起居室，从餐厅也可以进厨房。阿尔站在起居室，嗯，没问题。他把我抱起来，抚摩我，好的。然后他把我放到沙发上。现在，我在沙发上干什么呢？唉，该死，我忘了要干什么了。该死，该死，让我想想。如果回到楼梯口也许会想起来。啊，对了，我要去吃饭！哈哈，那么去吧。"这是它的心理活动。

"猫做事也有计划。"我思索着，"啊！如果真是这样，那么如果我抱起它们，爱抚它们，然后把它们放回原先的位置，也许它们会更喜欢我。"

于是我养成了这个终生的习惯，把猫抱起来时，记住它们要去的方向，过后再把它们放回原地，朝向原先的方向。你知道这为什么会成为我终生的习惯吗？因为这很管用。两个月后，家里所有的猫都喜欢上了我。

无论是谁，都有自己的选择，自己的方向，即使是一只猫。只有对他人的选择和方向给予足够的理解和尊重，我们才能赢得他人的喜爱。

感悟
ganwu

　　每个人的思想和境况是不一样的，你的判断和他人的判断甚至会有天壤之别，请给予他人足够的理解和尊重吧，不要干扰他人的思维，这样才会得到他人的喜爱。

生命的价值

"不要让昨日的沮丧令明天的梦想黯然失色！"在一次讨论会上，一位著名的演说家没讲一句开场白，手里却高举着一张200美元的钞票。面对会议室里的200个人，他问："谁要这200美元？"一只只手举了起来。他接着说："我打算把这200美元送给你们中的一位，但在这之前，请准许我做一件事。"他说着将钞票揉成一团，然后问："谁还要？"仍有人举起手来。他又说："那么，假如我这样做又会怎么样呢？"他把钞票扔到地上，又踏上一只脚，并且用脚碾它。之后他拾起钞票，钞票已变得又脏又皱。"现在谁还要？"还是有人举起手来。"朋友们，你们已经上了一堂很有意义的课。无论我如何对待那张钞票，你们还是想要它，因为它并没贬值，它依旧值200美元。人生路上，我们会无数次被自己的决定或碰到的逆境击倒、欺凌甚至碾得粉身碎骨。我们觉得自己似乎一文不值。但无论发生什么，或将要发生什么，在上帝的眼中，你们永远不会丧失价值。在他看来，肮脏或洁净，衣着齐整或不齐整，你们依然是无价之宝。"

感悟
ganwu

生命的价值不依赖我们的所作所为，也不仰仗我们结交的人物，而是取决于我们本身！我们是独特的，永远没有人可以取代我们——永远不要忘记这一点。

改变自己，铸就成功

如果你想要成功，你就必须要改变！如果你不改变，你就只能像你以前那样，平平庸庸，碌碌无为。

而且，在很多时候，我们都会感到改变会让人痛苦，但是，如果不改变，那么你就会痛苦一辈子。

有一条小河流从遥远的高山上流下来，经过了很多个村庄与森林，最后来到了一个沙漠。它想："我已经越过了重重的障碍，这次应该也可以越过这个沙漠吧！"

169

当它决定越过这个沙漠的时候，它发现它的河水渐渐消失在泥沙当中，它试了一次又一次，总是徒劳无功，于是它灰心了。"也许这就是我的命运了，我永远也到不了传说中那个浩瀚的大海。"它颓丧地自言自语，几乎放弃了信念，决定就此沉沦下去。

就在这时候，四周响起了一阵低沉的声音。"如果微风可以跨越沙漠，那么河流也可以跨越。"原来这是沙漠发出的声音。小河流很不服气地回答说："那是因为微风可以飞过沙漠，可是我却不行。"

"因为你坚持你原来的样子，所以你永远无法跨越这个沙漠。你必须让微风带着你飞过这个沙漠，到达你的目的地。只要你愿意放弃你现在的样子，让自己蒸发到微风中。"沙漠用它低沉的声音这么说。

小河流从来不知道有这样的事情。"放弃我现在的样子，然后消失在微风中？我就再也不是自己了！不！不！"小河流无法接受这样的概念，毕竟它从未有过这样的经验，叫它放弃自己现在的样子，那么不等于是自我毁灭了吗？"我怎么知道这是真的？我到时候如何证明自己还存在呢？"小河流这么问。

"微风可以把水汽包含在它之中，然后飘过沙漠，到了适当的地点，它就会把这些水汽释放出来，于是就变成了雨水。然后这些雨水又会形成河流，继续向前进。"沙漠很有耐心地回答。

"那我还是原来的河流吗？"小河流问。

"可以说是，也可以说不是。"沙漠回答，"不管你是一条河流或是看不见的水蒸气，你内在的本质从来没有改变。你之所以坚持你是一条河流，是因为你从来不知道自己内在的本质。"

此时在小河流的心中，隐隐约约地想起了自己在变成河流之前，似乎也是由微风带着自己，飞到内陆某座高山的半山

腰，然后变成雨水落下，才变成今日的河流的。这时它才明白，自己最根本的状态就是"水"！无论它的外在状态如何变化，它依然是自己。形变而质未变，还能做好事情，还能成功，何乐而不为呢！

于是小河流鼓起勇气，投入微风张开的双臂，消失在微风之中，让微风带着它，奔向它生命中的梦想。

我们生命的历程也像小河流一样，想要跨越生命中的障碍，达到自己想要的成就，也需要有放下自我、改变自我的决心与勇气，这样才能迈向未知的领域，达到生命的不断成长！

如果不改变，就会消失在茫茫沙漠中。

· 独特的眼光比知识更重要 ·

感悟 gǎnwù

美国一所著名学院的院长，继承了一大块贫瘠的土地。这块土地，没有具有商业价值的木材，没有矿产或其他贵重的附属物，因此，这块土地不但不能为他带来任何收入，反而成为支出的一项来源，因为他必须支付土地税。这块地成了他的一个很大的负担，这个问题一直滞留下来，时时困扰着他，成为他的心病，却始终没有任何办法去更好地处置它。

州政府建造了一条公路从这块土地上经过。一位"未受教育"的人刚好开车经过，看到了这块贫瘠的土地正好位于一处山顶，可以观赏四周连绵几公里长的美丽景色。他（这个没有知识的人）同时还注意到，这块土地上长满了一层小松树及其他树苗。他以每亩 10 美元的价格，买下了这块 50 亩的荒地。在靠近公路的地方，他建了一间独特的木造房屋，并建了一间很大的餐厅，在房子附近又建了一处加油站。他又在公路沿线建造了十几间单人木头房屋，以每人每晚 3 元的价格出租给游客。餐厅、加油站及木头房屋，使他在第一年净赚 15 万美元。

第二年，他又大事扩张，增建了另外 50 栋木屋，每一栋

知识是重要的，但是只有知识是远远不够的，知识只是成功的基础，真正的成功是需要有远见卓识的，需要敏锐的观察力和深刻的分析能力，还有对待新鲜事物的思维开放程度，而这些不是仅仅在课堂上就能学会的，需要在生活中多历练，多想几个为什么，要勇于有自己的想法，而不是人云亦云。

木屋有三间房间。他现在把这些房子出租给附近城市的居民们，作为避暑别墅，租金为每季度150美元。

而这些木屋的建筑材料根本不必花他一毛钱，因为这些木材就长在他的土地上（那位学院院长却认为这块土地毫无价值）。

还有，这些木屋独特的外表正好成为他的扩建计划的最佳广告。一般人如果用如此原始的材料建造房屋，很可能被认为是疯子。

故事还没有结束，在距离这些木屋不到5千米处，这个人又买下占地150亩的一处古老而荒废的农场，每亩价格25美元，而卖主则相信这个价格是最高的了。

这个人马上建造了一座100米长的水坝，把一条小溪的流水引进一个占地15亩的湖泊，在湖中放养许多鱼，然后把这个农场出售给那些想在湖边避暑的人。这样简单的一转手，使他共赚进了25万美元，而且只花了一个夏季的时间。

而这个有远见及想象力的人，却未受过正规的"教育"。

在提到上面所叙述的那段故事时，那位以500美元的价格售出50亩"没有价值"的土地的学院院长说："想想看，我们大部分人也许都会认为那个人没有知识，但他把他的眼光和50亩荒地混合在一起之后，所获得的年收益，却远超过我靠所谓的教育方式所赚取的五年总收入。"

知识不等于智慧和能力，而智慧和能力才能使人达到真正的成功。

感谢冤家和对手

海湾战争之后，一种被称之为"艾布拉姆"的M1A2型坦克开始陆续装备美国陆军，这种坦克的防护装甲目前是世界上最坚固的，它可以承受时速超过4 500千米、单位破坏力超过

1.35 万千克的打击力量。

乔治·巴顿中校是美国最优秀的坦克防护装甲专家，他接受研制 M1A2 型坦克装甲的任务后，立即找来了一位"冤家"做搭档——毕业于麻省理工学院的著名破坏力专家迈克·马茨工程师。两人各带一个研究小组开始工作，所不同的是，巴顿带的是研制小组，负责研制防护装甲；马茨带的则是破坏小组，专门负责摧毁巴顿已研制出来的防护装甲。

刚开始的时候，马茨总是能轻而易举地将巴顿研制的新型装甲炸个稀巴烂，但随着时间的推移，巴顿一次次地更换材料，修改设计方案，终于有一天，马茨使尽浑身解数也未能奏效。于是，世界上最坚固的坦克在这种近乎疯狂的"破坏"与"反破坏"试验中诞生了，巴顿与马茨这两个技术上的"冤家"也因此而同时荣获了紫心勋章。

巴顿中校事后说："事实上，问题是不可怕的，可怕的是不知道问题出在哪里，于是我们英明地决定'请'马茨做欢喜冤家，尽可能地激将他帮我们找到问题，从而更好地解决问题，这方面他真是很棒，帮了我们大忙。"

一念之间的成功

日本的清酒与我国江南的黄酒比较类似，都是深受欢迎的普及型大众米酒。

但日本的米酒在明治之前是比较浑浊的，这是美中不足之处。很多人想了各种办法，却找不到使酒变清的法子。那时候，有一个小商人，以制作和经营米酒为生。一天，他与仆人发生了口角。仆人怀恨在心，伺机报复。他在晚间将炉灰倒入做成的米酒桶内，想让这批米酒变成废品，叫主人吃亏。干完了小勾当，这个卑劣的仆人逃之夭夭。

第二天早晨，商人到酒厂查看，发现了一个从未有过的现

朋友总是习惯于看到自己的长处，而对手则总是看到自己的短处，两者都是重要的，朋友让我们的进步得到及时的鼓励，而对手则让我们明白我们的弱点是什么。一定程度上，正是因为对手的存在，我们才真正得以生存，他让我们永不懈怠。

感悟
ganwu

商人制成清酒确属偶然，但这偶然是其长期思索的最终报答，他的灵感乍现，是一颗热烈跳动的心换来的丰厚收获。"一念之间"能获得成功，是因为在此之间，已经经过了千锤百炼。

象，原来浑浊的米酒变得清亮了。再细看一下，桶底有一层炉灰。他敏锐地觉得这炉灰具有过滤浊酒的作用。他立即进行试验、研究。经过无数次的改进之后，终于找到了使浊酒变成清酒的办法，制成了后来畅销日本的清酒。

似乎这个商人在"一念之间"就酿成了清酒。他的成功似乎是灵感乍现的结果，是神灵的格外恩赐。

事实真的是这样的吗？长此以往，米酒的浑浊一直是身为酒商的一桩心事，他肯定一直对此深以为憾，一心一意惦记着这米酒能变得清纯起来。所以当突然发现自己酒桶中的酒如梦想中那样清澈见底时，他的第一感觉是：酒中的脏东西对酒具有沉淀功能，根本来不及思考是谁在搞破坏，而是就盯住这一巨大发现不放，这才最终酿成清酒。

一个让你目瞪口呆的售货员的故事

一个乡下来的小伙子去应聘城里"世界最大"的"应有尽有"百货公司的销售员。老板问他："你以前做过销售员吗？"

他回答说："我以前是村里挨家挨户推销的小贩子。"老板喜欢他的机灵："你明天可以来上班了。等下班的时候，我会来看一下。"

一天的光阴对这个乡下来的穷小子来说太长了，而且还有些难熬。但是年轻人还是熬到了5点，差不多该下班了。老板真的来了，问他说："你今天做了几单买卖？"

"一单。"年轻人回答说。"只有一单？"老板很吃惊地说，"我们这儿的售货员一天基本上可以完成20到30单生意呢。你卖了多少钱？""300 000美元。"年轻人回答道。"你怎么卖到那么多钱的？"老板目瞪口呆，半晌才回过神来问道。

"是这样的，"乡下来的年轻人说，"一个男士进来买东西，

我先卖给他一个小号的鱼钩，然后中号的鱼钩，最后大号的鱼钩。接着，我卖给他小号的渔线，中号的渔线，最后是大号的渔线。我问他上哪儿钓鱼，他说海边。我建议他买条船，所以我带他到卖船的专柜，卖给他长20英尺的有两个发动机的纵帆船。然后他说他的大众牌汽车可能拖不动这么大的船。我于是带他去汽车销售区，卖给他一辆丰田新款豪华型'巡洋舰'。"

老板后退两步，几乎难以置信地问道："一个顾客仅仅来买个鱼钩，你就能卖给他这么多东西？"

"不是的，"乡下来的年轻售货员回答道，"他是来给他妻子买卫生棉的。我就告诉他：'你的周末算是毁了，干吗不去钓鱼呢？'"

永远的坐票

生活真是有趣：如果你只接受最好的，你经常会得到最好的。

有一个人经常出差，经常买不到对号入座的车票。可是无论长途短途，无论车上多挤，他总能找到座位。他的办法其实很简单，就是耐心地一节车厢一节车厢找过去。这个办法听上去似乎并不高明，但却很管用。每次，他都做好了从第一节车厢走到最后一节车厢的准备，可是每次他都用不着走到最后就会发现空位。他说，这是因为像他这样锲而不舍找座位的乘客实在不多。经常是在他落座的车厢里尚余若干座位，而在其他车厢的过道和车厢接头处，居然人满为患。他说，大多数乘客轻易就被一两节车厢拥挤的表面现象迷惑了，不大细想在数十次停靠之中，从火车十几个车门上上下下的流动中蕴藏着不少提供座位的机遇；即使想到了，他们也没有那一份寻找的耐心。眼前一方小小立足之地很容易让大多数人满足，为了一两个座位背负着行囊挤来挤去有些人也觉得不值。他们还担心

不管做什么事情，都要善于动脑子。只要打开思维，不断寻求问题并致力于解决问题，就可顺着一条线拉出更大的鱼。

自信、执着、富有远见、勤于实践，这会让你握有一张人生之旅永远的坐票。

万一找不到座位，回头连个好好站着的地方也没有了。与生活中一些安于现状不思进取害怕失败的人，永远只能滞留在没有成功的起点上一样，这些不愿主动找座位的乘客大多只能在上车时最初的落脚之处一直站到下车。

狮子与主人

有一天，一个善良的人在山路上捡到一只幼小的狮子，看到小狮子弱不禁风的可怜样子，便心生怜悯，二话没说就抱回家喂养。本性善良的他对这只失去了母爱的小狮子照顾得无微不至，总是给它最好的吃，甚至比他自己吃得还好，每天给它梳毛，隔一两天就给它洗澡。狮子对他也形成了依恋，表现出似乎让人不可思议的亲密无间，扒他的肩膀，舔他的手脚，陪他散步，和他戏耍。狮子在他的怀中渐渐长大，长成了一只成熟的雄狮，在外人面前威猛无比，气宇轩昂，但在他的面前却温顺得如一条家狗；面对偷贼，更是忠于职守，保护着主人的安危。他对它越来越喜欢，认为自己做了一件最为正确、最为荣耀的事情，因此而欣喜不已。

有一天他心血来潮，忽生奇想：骑着狮子旅游。路途中，不仅可以向人炫耀自己驯养狮子的经历，可以证明狮子是能驯养的，而这正是他的难得之处所在，另外又能免去了坐骑的钱，还能在自己受到危险的时候受到狮子的保护，一箭多雕，何乐而不为呢！他为这个想法欣喜不已，于是没有再多想，就骑上了狮子，踏上了旅程。一路上狮子很听话，平稳地驮着他，他还像对待未谙世事的孩子那样，对狮子讲解一些沿途的所见所闻，狮子似乎也能理解他，两个之间非常默契、和谐。所到之处人们对他夹道喝彩，他更神气了。

然而，并不是所有的人都会夹道喝彩，相反，更多人都会非常担心这对特殊的伙伴之间的关系。

路上有人悄悄问他："狮子不会吃你吗？你可别忘记了，它再怎么驯化都还是一只狮子啊！"

他不屑一顾地看着这些似乎要劝说他的人，不以为然地说："那怎么可能呢！"

路上还有狗也悄悄地问狮子："你怎么不吃他啊！他可是个活生生的人啊！"狮子说："那怎么可能呢？"

直到有一天，他们要穿过一片沙漠，路上遇到了风沙，水和食物都被卷走了。这个时候，他还是没有意识到问题的严重性。

情况非常糟糕，生活越来越艰难。他在痛心之时也去安慰狮子："朋友，你就忍着点吧，等过了沙漠，我会让你饱吃一顿啊！"说完，心疼狮子，就跳下来步行，和狮子一起走路。第一天过去了，狮子饿得围着他打转；两天过去了，狮子饿得舔他的手脚，他只是随手怜惜地摸摸它；三日过去了，狮子对他进行了轻轻地撕咬，他嗔怪地把它推开了；四日过去了，狮子向他龇起了牙齿，这个时候他心里开始害怕，但出于无奈，还是必须一起走路；第五日，饥饿的狮子向他瞪起了血红的眼睛，在他正要上前抚摸它时，狮子奋力一纵将他扑倒，瞬间把他撕成了碎片。至死他都不明白，狮子怎么会吃了他呢？他是无法再对路上那些好心人的劝说进行回忆了，或许在阴曹地府里还能追悔当初吧？

穿旧皮鞋的孩子

他出生于英格兰西部坎伯兰的一个贫苦家庭，因为家庭经济条件常年拮据，父母靠节衣缩食才让他勉强念完小学和中学。他从来不讲究穿戴，不和同学攀比，因为他深知自己每一分学费里都渗透着父母的汗水，他对父母唯一的回报就是刻苦认真地学习。

感悟
ganwu

这位先生比东郭先生的遭遇好不到哪儿去，他不明白狮子永远都是狮子，而不是自己温顺忠实的狗。不是所有的东西都可以怜悯的，怜悯的前提是确保自己的安全。如果没有这个前提，怜悯之后就是悲哀。

177

由于成绩优秀，中学毕业后，他被学校保送进了威廉皇家学院。这所学校里的学生，大多数是有钱人家的子女，所以，衣衫褴褛的他就成了另类。那些不知贫穷艰辛的富家子弟，见他穿着寒酸，不但没有伸出同情和友谊之手，反而还经常讥笑、讽刺、奚落他，把他当成开心的点心。他在校园里行走时，习惯了低头的姿势。

一天早晨，他穿着一双旧皮鞋走进了教室。那一瞬间，所有同学的目光都聚集到了他的脚上。这是怎样的一双皮鞋呀！又旧、又大，与他的脚一点儿也不相称。于是，大家根据鞋不合脚进行了一番推理。结论是，这个穷小子穿的破皮鞋一定是偷来的。有几个同学还起哄说要把他从学校赶出去。一时间，整个校园都流传着他是一个小偷的传闻，一些学生还到校长那里告了他的状。

他很生气，他真想去揍那些造谣的家伙，教训他们一顿，但他更明白，这里是富家子弟的天下，自己是穷人的儿子，如果真打起架来，触犯了校规，倒霉的肯定是自己。他咬紧牙关，把眼泪咽到肚子里，尽量克制自己。他没有想到，谣言重复多次就会变成真的。一天晚自习，在没有任何征兆的情况下，校长突然带两个校警走进教室，校长把他叫到前面，双眼死死地盯着他的双脚，然后让校警去搜他的书包。整个班级里鸦雀无声，那几个造谣的同学幸灾乐祸地期待着书包里的发现。

"校长先生，除了书本和一封信，什么也没有。"两个校警说。"把那封信拿给我看。"校长要过那封折得发皱、磨得起毛的信，撕开信封，展开信纸，在学生们的注视下，他开始读起来。

"孩子，刚提起笔，我就要流下眼泪，因为想到了你穿着那双又大又破的皮鞋走在校园里的情形，我的脚是 40 码的，而你的脚才 35 码，那双鞋穿着一定不合脚，我总是梦到别的孩子拿那双鞋取笑你。孩子，希望你不要自卑，记住，穷人也一样会有出息的。最后，请原谅你贫穷的父亲吧，连为你买一双皮鞋的钱都没有……"

读着读着，校长的嘴唇竟颤抖起来。而他，再也忍不住了，"哇"的一声痛哭起来。这哭声，诉尽了他经受过的所有不公。那一刻，整个教室里沉寂之极，紧接着，一片啜泣的声音慢慢响起。

从此以后，他不再低着头走路，他决心要为贫穷的父亲争口气。就这样，他竟从贫穷里获得了无穷的动力，他的学习成绩从此一直都是最优秀的。而原来的那些同学、老师、校长也开始对他刮目相看。

后来，这个穷人的儿子在人生的事业上硕果累累，从1907年起他一直是英国皇家学会会员，1935年，他又被选为皇家学会主席。他曾担任全世界16所大学的名誉博士，而且是世界上一些主要学会的会员。他获得过的奖章和奖金不计其数，其中最引人注目的是他和他的儿子共同获得了1915年度诺贝尔物理学奖。

他的名字叫亨利·布拉格。

有些人这样评价贫穷，说它是一种无法选择的不幸。如果换个角度来看，贫穷往往会是一种无穷的动力源泉，对待贫穷的不同心态，导致了一些人永远贫穷，而使另一些人走上了别人难以企及的生命之巅。

·差 距·

发现差距及时总结，方能迎头赶上。而那些不注意改变思维，及时质疑并清理头脑中的东西，不愿意反思的人或许永远都会按照原来的路一直走下去，而生活一年和生活一天都是一样的。

爱若和布若差不多同时受雇于一家超级市场，开始时大家都一样，从最底层干起。可不久爱若受到总经理的青睐，一再被提升，从领班直到部门经理。布若却像被人遗忘了一般，还在最底层混。终于有一天布若忍无可忍，向总经理提出辞呈，并痛斥总经理用人不公平。总经理耐心地听着，他了解这个小伙子，工作肯吃苦，但似乎缺少了点什么，缺什么呢？……

他忽然有了个主意。"布若先生，"总经理说，"请您马上到集市上去，看看今天有什么卖的。"布若很快从集市回来说，刚才集市上只有一个农民拉了一车土豆卖。"一车大约有多少袋，多少斤？"总经理问。布若又跑去，回来说有10袋。"价格多少？"布若再次跑到集上。总经理望着跑得气喘吁吁的他说："请休息一会儿吧，你可以看看爱若是怎么做的。"

说完叫来爱若，对他说："爱若先生，请你马上到集市上去，看看今天有什么卖的。"爱若很快从集市回来了，汇报说到现在为止只有一个农民在卖土豆，有10袋，价格适中，质量很好，他带回几个让经理看。这个农民过一会儿还将弄几筐西红柿上市，据他看价格还公道，可以进一些货。这种价格的西红柿总经理可能会要，所以他不仅带回了几个西红柿做样品，而且还把那个农民也带来了，他现在正在外面等回话呢。

总经理看了一眼红了脸的布若，说："请他进来。"爱若由于比布若多想了几步，于是在工作上取得了成功。

担当风险

有一天，园艺师向他的社长请教说："社长先生，我看您的事业愈做愈大，而我像树上的一只蝉，一生都在树上，太没出息了。请您告诉我一点创业的秘诀吧！"

社长点点头说："好吧，我看你很适合做园艺方面的事情。这样吧，我工厂旁边有2万坪空地，我们就种树苗吧！一棵树苗多少钱？"

"40元。"

社长又说："好！以一坪地种两棵计算，扣除道路，2万坪地大约可以种2.5万棵，树苗成本刚好100万元。三年后，一棵树苗可以卖多少钱？"

"大约3 000元。"

"那么，100万元的树苗成本与肥料费都由我来支付。你就负责浇水、除草和施肥工作。3年后，我们就有600万的利润，那时我们一人一半。"社长认真地说。

不料园艺师却拒绝说："哇！我不敢做那么大的生意，我看还是算了吧。"

胆小的人，注定要失去生命中的精彩与美丽

离开办公桌，影印一份数据，只不过三分钟时间，一只蚂蚁爬上她刚买的黑森林蛋糕。

那蛋糕是她的下午茶点心，结果这下享用的兴致全无了。

她拿起叉子把蚂蚁取出，然后质问它为什么破坏她的好心情。

浑身沾满糖的蚂蚁慢条斯理地回答："我饿了，被蛋糕的

要创业，必须要有胆量。否则，最好的机会到来，也不敢去尝试，只有失败的顾虑，却失去了成功的机会，懂得大胆地抓住机会，才会为自己赢得成功。

香味给吸引过来的。"

蚂蚁说，它的食量小，吃不了多少，给它一小角蛋糕，就够了。她听了更是火大，不顾形象，指责它："你的身份能跟我一起吃相同的东西吗?"

她告诉蚂蚁，它应该去找残余的食物，怎么可以堂而皇之与她分食。蚂蚁说："我有我的尊严，不想卑微地讨生活。"

蚂蚁一脸委屈地向她说道，它想出人头地，可是天生不平等，叫它只能不起眼地过日子，可是它不想庸庸碌碌了此一生，所以选择到这陌生且危险的城市。

经它这么一说，她突然心软："你不怕无法适应?"她怀疑。

"做过了才知道怎么回事。光是害怕有什么用!"蚂蚁又接着说，它不觉得它的人生只有一条路走，它相信，它的生命充满了无限可能。

她不发一语，心情顿时变得复杂起来。这些年，她最大的困境是知道自己要什么，却始终未曾付诸行动，她不懂为何迟疑，或者应该说，她怕改变。

然而，胆小的人，注定要失去生命中的种种精彩与美丽。因此，她只能原地打转，也许不会更坏，但也绝对不会更好。

回过神，她有了决定，同时准备把整块蛋糕送给蚂蚁。蚂蚁谢绝了她的好意，它说，它已经尝过滋味，想再去试点别的。而她，一个新的生命历程，于焉成形，蓄势待发。

胆小的人，注定要失去生命中的精彩与美丽。

该换个跑道或是坚持到底，是需要智慧的抉择。最好是能够趁着年轻的时候探索自我，及早确立方向，就可以减低不断换跑道的学习成本。再努力一下，再坚持一点，情况可能因此完全改观喔。

把自己变成一颗珍珠

有一个自以为是全才的年轻人，毕业以后屡次碰壁，一直找不到理想的工作，他觉得自己怀才不遇，对社会感到非常失望。多次的碰壁工作让他伤心而绝望，他感到没有伯乐来赏识他这匹"千里马"。

痛苦绝望之下，有一天，他来到大海边，打算就此结束自己的生命。站在最高的悬崖上的时候，他觉得自己的生命就此应该画上句号了。怀才不遇，还不如离开这个让人绝望透顶的世界，何苦要苟活在人世上呢？他闭上眼，准备结束生命……

就在这个时候，正好有一位老人从附近走过。老人大步流星而又不露声色走到他身后，一把拉住了欲寻短见的他。还在闭眼的他突然觉得胳膊被人向后狠狠拽了一下……

平静下来后，老人问他为什么要走绝路，他说自己得不到别人和社会的承认，没有人欣赏并且重用他，他这么优秀的人却要被埋没在人群里得不到重用，如此下去，还不如一死了之……

老人耐心地听他说完后，随手从脚下的沙滩上捡起一粒沙子，让年轻人定睛看了看，然后就随便地扔在了地上，对年轻人说："请你把我刚才扔在地上的那粒沙子捡起来。"

年轻人刚才那股蔫劲儿荡然无存，顿时来了气，反驳道："这根本就不可能！"

老人没有说话，从自己的口袋里掏出一颗晶莹剔透的珍珠，也是随便地扔在了地上，然后对年轻人说："你能不能把这颗珍珠捡起来呢？"

"当然可以！"他的眼睛里也闪烁着光辉。

"那你就应该明白是为什么了吧？你应该知道，现在你自己还不是一颗珍珠，所以你不能苛求别人立即承认你。如果要

若要自己卓然出众，那就要努力使自己成为一颗珍珠。那些在沙堆里自以为是，叫苦连天喊命苦的人永远都只能留在沙堆里，除非你愿意接受打磨或主动去打磨。

别人承认，那你就要想办法使自己成为一颗珍珠才行。"年轻人蹙眉低首，一时无语。

有的时候，你必须知道自己是普通的沙粒，而不是价值连城的珍珠。你要卓尔不群，那要有鹤立鸡群的资本才行。所以忍受不了打击和挫折，承受不住忽视和平淡，就很难达到辉煌。生活是公正的，总是会让那些真正的珍珠在沙堆里散发出光辉，也会让那些假珍珠在年久经历风吹日晒下，变得暗淡无光，更会使一粒不愿意成为珍珠的沙子永远保持沙子暗无光泽、被人遗忘的本色。

用智慧创造财富

很多年以前，在臭名昭著、惨绝人寰的奥斯维辛集中营里，一个成年犹太人对他的儿子说："现在我们唯一的财富就是智慧，当别人说一加一等于二的时候，你应该想到大于三。"纳粹在奥斯维辛毒死了几十万人，父子俩却活了下来。

1946年，他们辗转数万里，来到美国，打算在休斯敦做铜器生意。有一天，父亲突然问儿子一磅铜的价格是多少。儿子回答："35美分。"父亲说："对，整个得克萨斯州都知道每磅铜的价格是35美分，但作为犹太人的儿子，应该说成是3.5美元，你试着把一磅铜做成门把看看。"父亲的这句话给了孩子很多启示。

20年后，父亲死了，儿子独自经营铜器店。他做过铜鼓，做过瑞士钟表上的簧片，做过奥运会的奖牌，他曾把一磅铜卖到3 500美元，这时他已是麦考尔公司的董事长。然而，真正使他扬名的，是纽约州的一堆垃圾。

1974年，美国政府为清理给自由女神像翻新扔下的废料，向社会广泛招标。但好几个月过去了，没人应标。正在法国旅行的他听说后，立即飞往纽约，看过自由女神下堆积如山的铜

184

块、螺丝和木料后，未提任何条件，当即就签了字。

纽约许多运输公司对他的这一愚蠢举动暗自发笑，因为在纽约州，垃圾处理有严格规定，弄不好就会受到环保组织的起诉。就在一些人要看这个犹太人的笑话时，他开始组织工人对废料进行分类。他让人把废铜熔化，铸成小自由女神像；把水泥块和木头加工成底座；把废铅、废铝做成纽约广场的钥匙。最后，他甚至把从自由女神身上扫下来的灰包装起来，出售给花店，不到 3 个月的时间，他让这堆废料变成了 350 万美元，每磅铜的价格整整翻了 1 万倍。

犹太人并不是天生比任何种族的人聪明，但他们更懂得怎样去铸造智慧这枚无价的金币。

你喜欢生气吗

在古老的西藏有一个叫做爱地巴的人，每次生气和人起争执的时候，就以很快的速度跑回家去，绕着自己的房子和土地跑 3 圈，然后坐在田地边喘气。爱地巴工作非常勤劳努力，他的房子越来越大，土地也越来越广，但不管房地有多大，只要与人争论生气，他还是会绕着房子和土地绕 3 圈，爱地巴为何每次生气都绕着房子和土地跑 3 圈，所有认识他的人心里都起了疑惑，但是不管怎么问他，爱地巴都不愿意说明……这些似乎都已成为一种人所共识的惯例，谁也不再问起，习以为常了。

直到有一天，爱地巴已经很老了，他的房地已经很大了。一天，他感到非常难受，又生气了……于是，他还是像曾经无

数次那样，拄着拐杖艰难地绕着土地和房子走，慢慢地，慢慢地……好不容易走了3圈，太阳都下山了，爱地巴独自坐在田边沉沉地喘着气，他的孙子看他这么劳累，很心疼他，于是在身边恳求他："阿公，您年纪已经这么大了，这附近地区所有的人也没有人的土地比您更大更多，您可不能再像从前那样，一生气就绕着土地跑啊，这样对自己很不好！为什么您总是在生气的时候惩罚自己呢？您可不可以告诉我这个秘密，为什么您一生气就要绕着土地跑上3圈？"

爱地巴禁不起孙子的恳求，终于说出隐藏在心中多年的秘密，他说："年轻时，我只要一和人吵架、争论、生气，就绕着房地跑3圈……边跑边想啊，我的房子这么小，土地这么少，我哪有时间，哪有资格去跟人家生气？一想到这里，自己的气也就消了很多，慢慢平静了下来。于是就把所有时间用来努力工作，用来扩大我的土地面积，种植庄稼……"

这时，孙子更迷惑不解了，问道："阿公，您这么说我倒是懂了，可是，那为什么您年纪大了变成最富有的人，还要绕着房地跑呢？"

爱地巴笑着说："我现在还是会生气，每当生气时还会绕着房地走3圈。当我一边走时，一边就会想：我的房子这么大了，土地也这么多了，那我又何必跟人计较呢？一想到这里，气也就消了呀！"说完，他自己笑了，孙子也笑了。

犹太人的谈判智慧

犹太人认为，谈判是人与人的较量。因此，谈判中攻心为上至关重要。犹太攻心术最基本的战术是暗示。他们认为，暗示的最大好处是暗示者什么也不需要允诺，而受暗示者就会自己给自己作出种种"投己所好"的允诺。

对于这种暗示战术，犹太人有个笑话很有典型性：穷售货员费尔南多在星期五傍晚抵达一座小镇。他没钱买饭吃，更住不起旅馆，只好到犹太教会堂找执事，请他介绍一个能提供安息日食宿的家庭。

执事打开记事本，查了一下，对他说："这个星期五，经过本镇的穷人特别多，每家都安排了客人，唯有开金银珠宝店的西梅尔家例外。只是他一向不肯收留客人。"

"他会接纳我的。"费尔南多十分自信地说。来到西梅尔家门前，等西梅尔一开门，费尔南多就神秘兮兮地把他拉到一旁，从大衣口袋里取出一个砖头大小的沉甸甸的小包，小声说："砖头大小的黄金能卖多少钱呢？"

珠宝店老板眼睛一亮，可是，这时已经到了安息日，按照规定不能再谈生意了。但老板又舍不得让这上门的大交易落入别人的手中，便连忙挽留费尔南多在他家住宿，到明天日落后再谈。

于是，在整个安息日，费尔南多受到盛情的款待。到星期六夜晚，可以做生意时，西梅尔满面笑容地催促费尔南多把"货"拿出来看看。

每个人都愿意把自己的喜好和意愿投射到别人身上，但大部分人都会将这些暗藏的意愿控制在合理的范围内，但在一些有着特殊需要的情况下，又很容易受到心理暗示，而这些则是人们运用"暗示"的心理战术的一大原因。也许很多情况下，不是对方的战术太好，而是你的弱点过于突出。

187

"我哪有什么金子?"费尔南多故作惊讶地说,"我不过想知道一下,砖头大小的黄金值多少钱而已。"

在谈判中,犹太人常常运用一些心理暗示的方式,诱导对方对自己进行一些"合理"推想。对方根据他们的暗示达成谈判后,即使意识到结果是自己上了犹太人的当,也不能怪他们,只能怪自己"误会"了犹太人。

看问题的眼睛

感悟
ganwu

我们通常看问题时,眼光容易受到现有事物的制约而失去了明辨力。不妨将眼光跳开,你也许会从中得出令自己惊喜的结论。

美国的某家报纸举办了一项有奖征答活动,因其所设的巨额奖金而吸引了众多的应征者前来参加。

报纸所设的题目是:三位科学家共同乘一个热气球做环球探险,行到中途,因气球漏气、充气不足而即将坠毁,唯一可行的办法就是必须将三人中的某一个抛出去。可是三位科学家却都关系着人类兴亡。他们之中的一位是环保专家,他的研究成果可以改善人类的生存环境,避免因环境污染而导致人类的噩运;一位是原子能专家,他的研究成果可以防止因全球性的核战争而给人类带来灾难;另一位是一个植物学专家,他研究改良的植物品种能在盐碱地或不毛之地生长,能够解决整个人类所需的粮食问题。

应答者众说不一,然而一个小男孩因其答案是将最重的科学家扔出去而最终得到了巨额奖金。

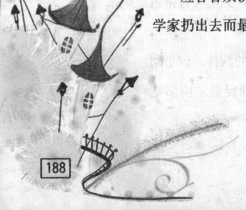

第**7**章
态度决定一切

正确的学习生活态度是一个人走向成功的第一步。你改变不了过去，但可以改变现在；你不能控制他人，但可以掌握自己；你不能预知明天，但可以把握今天；你不能样样顺利，但可以改变心情；你不能选择容貌，但可以展现笑容。

我们常常会因为未知而感到恐惧，我们会不自觉地、先入为主地用消极颓废、悲观沮丧的心态去猜想那未知的一切。因为，我们太害怕失败，我们太看重得失。然而，心中一旦有了得失的羁绊，有了失败的担忧，便样样无所适从，事事瞻前顾后，结果，反倒把许多好机会都丧失了，错过了。

健康积极的心态则是人走向成功的法宝，世上没有什么移山大法，山，如果不过来，那就让我们过去吧，每一个困境中都要寻找成功的萌芽。

心若改变，你的态度跟着改变；态度改变，你的习惯跟着改变；习惯改变，你的性格跟着改变；性格改变，你的人生跟着改变。

砌　墙

三个工人在砌一面墙。有一个人过来问："你们在干什么？"

第一个工人爱理不理地说："没看见吗？我在砌墙。"

第二个工人抬头看了那人一眼，说："我们在盖一幢楼房。"

第三个工人真诚而又自信地说："我们在建一座城市。"

十年后，第一个人在另一个工地上砌墙；第二个人坐在办公室中画图纸，他成了工程师；第三个人呢，成了一家房地产公司的总裁，是前两个人的老板。

是谁种的苹果林

有一位住在深山里的农民，经常感到环境艰险，难以生活。种在地里的庄稼总是收成不好，做一些小买卖也不能挣到钱，还要养家糊口等等，这些都令他十分苦恼。于是有一天，他觉得自己真的是忍受不了这种生活了，便决定四处去寻找致富的好方法。

一天，一位从外地来的商贩给他带来了一样好东西，尽管在阳光下看去那只是一粒粒不起眼的种子，没有什么特点的。但据商贩讲，这不是一般的种子，而是一种叫做"苹果"的水果的种子，只要将其种在土壤里，两年以后，就能长成一棵棵苹果树，结出数不清的一种叫做苹果的果实，这种果实长得又大，吃起来又甜，拿到集市上肯定很多人愿意买，可以卖好多钱呢！

欣喜之余，农民买下了全部的种子，他将苹果种子小心收好，像宝贝一样放在包裹里面，等他收好了以后，他脑海里随

即涌现出一个问题。

他想："既然苹果这么值钱，这么好，如果我种在大家都能看到的地方，会不会被别人偷走呢?"思来想去，他还是不放心，还是害怕苹果会被别人偷去。于是，他特意选择了一块荒僻的山野来种植这种颇为珍贵的果树。

老农辛苦地照顾这些果树，像对待自己的孩子一样。经过近两年的辛苦耕作，浇水施肥，小小的种子终于长成了一棵棵苗壮的果树，树干已经有碗口那么大了，树叶也很茂密，并且结出了累累的硕果，看着苹果由青变红，而且慢慢变大。这位农民看在眼里，喜在心头。他仿佛看到一个个又大又红的苹果，拿到集市上去卖时大家纷纷抢着买的情境。嗯!因为缺少种子的缘故，果树的数量还比较少，但结出的果实也肯定可以让自己过上好一点儿的生活。他仿佛看到了到手的钱。

他特意选了一个吉祥的日子，准备在这一天摘下成熟的苹果挑到集市上卖个好价钱。

当这一天到来时，他非常高兴。一大早，他便带着喜悦的心情上路了。一路上，他精神抖擞，爬山也很卖力，但当他气喘吁吁爬上山顶时，心里猛然一惊，那一片结出红灿灿果实的苹果树，竟然被飞鸟和野兽们吃了个精光，只剩下满地的果核。

想到这几年的辛苦劳作和热切期望，他不禁伤心欲绝，大哭起来。他的致富梦就这样破灭了。不知道自己哭了多久，他站起身来，往山下走去。在随后的岁月里，他的生活虽然还是很艰苦，但是他依然积极地生活着，他知道上天会知道自己的努力的，不会让自己的辛苦一无所获。

不知不觉之间，几年的光阴如流水一般逝去，他又从事了不同的行业，但都不是很如意，但他依然坚信，生活总是会好起来的。

一天，他偶尔之间又来到了这片山野。当他爬上山顶后，

感悟
ganwu

如果当年不是那些飞鸟和野兽们吃掉了这小片苹果树上的苹果，今天肯定没有这样一大片果林。放弃和损失，在许多情况下或许并不是错误的决定，相反还会让自己获得更多。以积极的心态投入生活，生活总是会积极地回报人。

191

突然愣住了，因为在他面前出现了一大片茂盛的苹果林，树上结满了累累的果实。

他简直是又惊喜又疑惑。这会是谁种的呢？在疑惑不解中，他思索了好一会儿才找到了一个出乎意料的答案。

原来这一大片苹果林都是他自己种的。

几年前，当那些飞鸟和野兽在吃完苹果后，就将果核留在了旁边，果核里的种子慢慢发芽生长，经过几年的生长，终于长成了一片更加茂盛的苹果林。

现在，这位农民再也不用为生活发愁了，这一大片林子中的苹果足以让他过上温饱的生活。他说他真的是要感谢上苍的，是自己积极的生活态度和不懈的努力被上苍看到了，他说只要自己不放弃，上天就永远不会放弃你的。

任何事情的发生必有其目的

存在的就是合理的，这是黑格尔的名言。不管是不是这样，至少任何事情的发生总是有一定的原因，虽然有时候表面上看来一点也不合理，但既然事情发生了，它就是一个无可避免的事实了，接下来的就是如何去面对更多的问题了，你大可以选择两种态度，乐观的，抑或是悲观。

乐观的人就会觉得凡事有失必有得，没有什么大不了的，"失之东隅，收之桑榆"嘛，塞翁失马，焉知非福呢，任何的危机中都掩藏着生机。因为他们有一个积极的态度，所以，他们的生活是充满阳光的，他们每天生活在快乐和幸福中；悲观的人就会觉得整个的世界一下子变得暗无天日了，生活中所有的希望都要破灭了，没有任何可以依靠的人，整个世界的人都抛弃了自己，就像世界末日将要来临了一样，因为这种生活态度，他们肯定是生活在一种没有欢乐的气氛中的。

曾经在一次研讨会中认识了一名活泼的女士，她非常幽默，脸上整日都挂着灿烂的笑容。她的热力贯穿会场，脱口而出的笑话让每个人都感染了她的快乐，但是谁都想不到在她这些笑容和乐观的背后有过怎样一段坎坷的成长经验。

小的时候她和同龄孩子相比显得异常的笨，甚至别人喊她的名字她也没有任何反应，更不用说用手做东西了，自然她的各门功课也不好。她发音不清晰，声音也不好听，伙伴们不喜欢和她玩，说她是反应迟钝，她的身边没有任何朋友。家里的人也认为她是智力不足，她被送到智障学校，她在那里待到五岁，才被发现原来不是智障，而是失去听力，于是又被转往特殊学校，直到十几岁时，才借着助听器过着较为正常的生活。

这样艰难地过了几年之后，就在人生刚有起色时，一次和同事一块儿去旅游，大家约好见面的时间和地点，就各自去玩。到了见面的时候，大家都到了，她却没有到，原来一个醉酒的司机开车把她给撞了。司机酒后驾车，当然要受到法律的制裁，但她因为伤势严重却不得不在医院的病床上躺了两年。

当时，躺在医院的病床上，她自问："为什么我的人生有这许多的不如意？为什么？"

但她随即深信："任何事情的发生必有其目的，并且有助于我。"两年的时间，她都躺在病床上，这意味着没有了出去玩的可能。但是，她没有为这个而消沉，她用两年在医院的时间自修了法律并有所建树。

在她咬紧牙根渡过难关之后，她试交了一个男友，人生再度有了起色，这时，她却又因乳癌先后割掉了两个乳房。虽然没有危及生命，但这样的打击也是一般人难以承受的。然而，纵有千般不如意，她还是相信：凡事发生必有其目的，并且有助于我。在手术以后，她依然用积极的心态来面对生活和事

业。到目前为止，她还维持着一个良好的家庭和蒸蒸日上的事业。

当她的母亲歉然地对她说"凯西，真的很对不起，把你生成这个样子"时，她回答："妈，你把我生得太好了，因为这样，我今天才有这份热忱把自己的体验和经历与他人分享，化恐惧为力量，化压力为动力，为自己在每一个困难中，找出值得收藏的礼物。"

自视甚高的孩子

一个夏日的下午，窗外阳光正烈，知了叫个不停。正当我在想今天会不会有人来咨询的时候，一个又瘦又高的男孩子走进了我的咨询室。来访者有一副矛盾的神态，他带着无助的样子，说："老师，别的同学为什么不喜欢我呢？"说完就低下了头。我温和地看着他："你觉得是为什么呢？"他好像很认真地去想了想，眉头紧皱，然后又摇摇头说："我不知道。反正，我感到活着真没意思，我连一个好朋友也没有，有的时候想说说知心话都不能，很羡慕别人能在一起。但我不甘心去死，那太便宜他们了。我想让他们看看我是什么样的人，我也想知道我有多大能力，于是，我想干一件别人想都不敢想的事，我想着一鸣惊人。"

听了他的话，我感到这是一个自尊受到挫折的孩子，因为自尊受到挫折，于是产生自卑。其实自视甚高的背后就是自卑，因为自卑所以那么努力去和别人比，想在竞争中超越别人。于是我说："你想向别人努力证明自己？证明自己是优秀的，是比别人强的？"他点点头："其实我学习很好，但是我还是想了好多能比别人更强的办法，但都不能让我满意，或者我感到根本不可能实现，别的同学也并不认为我想的是对的。所以，也可能是因为这个他们都很疏远我。"

感悟
gǎnwù

自卑与自傲其实也是我们对待生活的态度。要想变成一个快乐的人，就要自尊，自信，乐观，积极地而不是消极地接纳自己的优点和缺点，青春就会因此变成美丽的花季，生命也会因此充满阳光！

我说："我感到，你有很强的自尊心，但你的自尊是建立在他人的评价和认可基础上的，没有别人的认可，就没有自尊。"他很认真地听着。我又接着说："这不是真正的自尊心，而是'他尊心'。'他尊心'是什么呢？是用别人的评价来鉴定自己的价值。别人说我好，我才好，否则，不会认为自己是好的。你都长大了，为什么还要用别人的评价去评判自己呢？"他带着困惑的表情说："我搞糊涂了，我一下子说不清楚，我也不知道是怎么回事。"想了一想后，他腼腆地说："可能因为我老觉得自己不如别人，才老跟他们比吧。比如学习，本来我的成绩是很好的，但是，我还想自己不够好，我还用其他的方面来证明自己。"

我说："我能理解你的痛苦和处境。你知道吗？有的心理学家认为，人生来是自卑的，正是因为自卑，所以人类才会不断努力超越自己。某种程度上，这种自卑可以成为一种巨大的动力，推动人类的进步。但是假如是过分的病态的自卑，则会成为很多心理障碍的温床，我们会把自己的价值建立在他人认可的基础上，那样是很痛苦的，也是对自己十分不利的一件事情。'他尊心'永远也不是真正的自尊，通过做惊天动地的事向别人显示优越感超越别人也不会真正获得别人的接纳，甚至可能对别人有伤害。"

他似乎明白了，说："老师，那我怎么做呢？"我微笑着说："真正的自尊不是靠别人的尊重而是尊重自己，真正地接纳不是靠别人接纳而是自己接纳自己，接纳自己是一个独一无二的大写的'人'！如果你是一个自信的人，自己喜欢自己，同学自然也就喜欢你了。"男孩若有所思地离开了咨询室。

·心态的力量·

女儿向父亲抱怨，事事都很艰难。学习很难，总是有很多的东西自己不是很懂，即使费了很大的力气，但是成绩还总是不理想；生活也很难，总是会和同学闹矛盾，总是得不到老师的喜欢，想要的东西总是那么难以得到……总之，会有各种各样的不如意，她不知如何应付这样的生活，好像一个问题刚解决，新的问题又会出现，她有些厌倦，觉得什么都没有意思，生活太无聊。有的时候就想，既然生活这么没有意义，干脆不要生活了，但是好像又有一些东西舍不得，放不下。整日生活得很迷茫，也很没有精神。

父亲是一位厨师，没有给孩子讲什么特别的大道理，他低着头想了一会儿，就说，咱们来做一个实验吧，看看会有什么样的结果。

于是父亲就把她带进厨房。进了厨房，父亲先拿出三口锅放好了，就往锅里各倒入一些水，然后放在旺火上烧。

不久，水开了。他往第一口锅里放一些胡萝卜，往第二口锅里放入鸡蛋，最后一口锅里放入碾成粉状的咖啡豆。

女儿很迷惑地看着父亲一样一样地做，父亲也没有作什么解释。

20分钟后，父亲把火关了，把胡萝卜捞出来，放入一个碗里，把鸡蛋捞出来，放入另一个碗内，然后把咖啡舀到一个杯子里。

仔细做完这些后，父亲转身问女儿："孩子，你看见了什么？"

"胡萝卜、鸡蛋、咖啡。"她说，还是没有明白父亲的意思。

父亲让她再靠近一些，摸摸胡萝卜。这时，她注意到它们

变软了，用手一碰就陷下去一些，而且表皮也有些脱落。

父亲又让女儿拿一个鸡蛋，打破它，剥掉壳。她说："这是一个煮熟的鸡蛋，又鲜又嫩。"

最后，父亲端起杯子，让她喝了一口咖啡。尝到香浓的咖啡，女儿笑了，怯声问道："爸爸，这意味着什么？"

父亲说，三样东西面临同样的逆境——煮沸的开水，但其反应各不相同。胡萝卜入锅前是强壮的、结实的，放进开水，它变软了、变弱了。鸡蛋原来是易碎的，薄薄的外壳保护着液态的内脏。开水一煮，内脏就变硬了。粉状咖啡豆则很独特，倒入沸水，它们倒改变了水。

女儿似乎明白了什么，认真地点了点头。

妈妈的心态

有一个女孩，学习本来是不错的，高中毕业后，因为某些原因没有考上大学，就被安排在当地的一所学校教初中。结果，上课还不到一周，由于解不出一道数学题，被学生轰下讲台，灰头土脸地回了家。回家见到母亲，她的眼泪就哗哗地流下来了："我觉得自己好委屈啊，为什么我这么爱他们，就因为一道题做不出来就落得这个下场呢？"母亲为她擦了擦眼泪，安慰说，满肚子的东西，有的人倒不出来，有的人倒得出来，没必要为这个伤心，找找别的事，也许有更合适的事情等着你去做呢，我们为什么非要做这个工作呢？

后来，女孩平息了自己心里的怨气，刚好有本村的伙伴要出外打工，她就随着那些伙伴一起出去了。到了大城市，好不容易找到了一份工作，糟糕的是，没几天她又被老板赶了出来，原因是裁剪衣服的时候太慢了，别人一天可以裁制出六七件来，而她仅能做出两件来，而且质量也不过关。女儿最后在城里待不下去了，还是回到家里。母亲还是很温和地对女儿

妈妈是人生的智者，她的积极的生活态度让女儿终于脱颖而出，因为她知道每一粒种子都有发芽的可能，只是有时候是自己还没有找到合适的土地而已。生命蕴涵着太多可能与无限的潜能，只要自己坚持不懈地突围，发芽只是时间的问题。

说，手脚总是有快有慢的，别人已经干了许多年了，而你初来乍到，怎么快得了。所以，不要在意这个，不是你不行，只是时间的问题。说完，便为女儿打点行装，准备让她到另一个地方试试。

女儿先后到过几家工厂、公司，当过编织工，干过营销，做过会计，但无一例外，时间不长都半途而止了。然而，每当女儿失败后满脸沮丧地回家的时候，母亲总是安慰她，从来没有说过抱怨的话。

一个偶然的机会，女孩受聘于一所聋哑学校当辅导员，这一次她如鱼得水。几年下来，她凭着学哑语的天赋和一颗爱心与学生建立了良好的互动关系，深受学生们的爱戴，成为了学生们喜爱的老师，做得非常好。后来，她自己申请开办了一家残障学校；再后来，她在许多城市又开办了残障人用品连锁店。如今她已经是一位爱心和资产一样都不少的女老板。

有一天，功成名就的女儿凑到已经年迈的母亲面前，她想得到一个一直以来很想知道的答案。那就是，那些年她连连失败，自己都觉得前途渺茫的时候，是什么原因让母亲对她那么有信心呢？母亲的回答朴素而简单，她说：一块地，不适合种麦子，可以试试种豆子，豆子也长不好的话，可以种瓜果，瓜果也不济的时候，撒上些荞麦种子一定能开花。因为一块地，总有一粒种子适合它，也终会有属于它的一片收成……

野兔和猎狗

感悟
gǎnwù

全身心地投入，才能克服一切困境，直达成功。

威廉姆一次带上猎狗去打猎，很快猎狗就发现了不远处有个目标——一只大野兔正恐慌地逃跑，猎狗就追了上去。

追了好长时间，猎狗还是没有将野兔抓住。

野兔心想："如果我不逃，我这一生就从此结束了。"

而猎狗心里也想道："追不到你也没有关系，最多是挨一顿骂，或饿一餐，也不至于会失掉性命。如果下次再让我遇到，一定不会放过你。"

野兔是抱着"不成功便要成仁"的决心。

猎狗抱着"这次不成功，以后还有机会"的想法。

最终，野兔逃掉了，猎狗筋疲力尽，空手而归。

芝麻里的米粒

因被翻飞的小小剪刀理出的各种发型迷住，在一次作文课上，十多岁的小郭刚郑重地写下了自己的理想：做一个理发师。这个理想和同学们当"科学家""航天员""文学家"的理想比起来，实在太朴实太寒碜了，连老师都说是"有点没志气"。而同学们一下课就笑话他："郭师傅！没出息的郭师傅！"

郭刚小小的心受了莫大的打击，难道自己就真是那么没出息吗？为什么我喜欢的东西会没出息呢？小郭刚红着眼睛回到家，他嗫嚅着问母亲："妈妈，我会不会比别人傻一些？"母亲笑着告诉他："我的儿子是最聪明的。""那……理发的人是不是没出息呢？"母亲没什么文化，她想了想肯定地说："理发也会有出息。"

"可是，他们为什么会笑话我……"儿子扬起稚嫩的脸庞看着妈妈。正俯身从芝麻里拣出杂物的母亲，从儿子的叙述里明白了令他开始怀疑自己的原因，她不知道该怎么来安慰他。突然，一粒长长的、透亮的米粒出现在灰黑的芝麻中。

母亲没有立刻把那粒米拣出来扔掉，她拉过儿子，让他看芝麻中那一粒饱满出众的米。"好儿子，你和他们是不一样的——喏，就像这一粒米，虽然它很平常，但是我们缺不了它。不管你以后做什么，只要你自己喜欢，对别人有用处，那就不是没出息的。"

小郭刚被无数芝麻中的那一粒米彻底打动了，这让他知道

了自己非同寻常的价值。小小年纪的他就有了自己的目标，而且他不再为自己被别人嘲笑而苦恼了，他知道自己做的是有意义的事情。于是他努力学习，而且用心学习美发技术。因为是自己喜欢的，所以他学得很用功，随着不断的学习，他也渐渐显现出在这个方面的天赋。几年后，这个25岁的安徽小伙子在大上海拥有了自己的两家烫染设计店，他给它们取了个好听的名字叫"圣淘金"。如今的郭刚，无论在什么样的人群中，都充满了自信和平和，因为他确信，自己就是那一颗小小的米粒——没有宏伟志向，但不无用处。他坚信自己是独一无二的，而且会努力去实现自己的目标。

做变色龙还是恐龙

公司要进行裁员。不过在汤姆看来，公司裁员行动应该是和自己没有关系的。5年来，汤姆一直都是公司财务部的总监，过硬的专业知识和超强的能力使他一直受到老总的赏识。

不过这次情况好像没有汤姆想象的那么简单。昨晚，老总竟然打电话给他要他到自己家里去一趟。这次老总带给汤姆的可谓是一个坏消息，老总要求汤姆考虑一下，根据目前公司的形式，是不是可以先考虑一下到分公司的财务部工作。这个要求被汤姆当场拒绝了。他太接受不了这个变动了。

汤姆和老总不欢而散。临出门的时候，老总还在后面诚恳地说："你还是再考虑考虑，考虑好了再给我一个明确的答复。"

"不用了，肯定不行。"汤姆头也不回地对老总说，也表现出很坚决的态度。

几天后，公司裁员的名单下来了，随着裁员名单一起下发的，还有公司内部机构调整的名单。虽然遭到了汤姆的拒绝，不过老总还是把汤姆的位置放在了分公司的财务部。

"能不能给我个理由？"汤姆拿着调令找到了老总。

"这是董事会的决定，"老总站起来摊开双手对汤姆说，"我想你还是先做一段时间，然后……"

没等老总说完，汤姆就把调令放在了老总的办公桌上，然后对老总说："不用再说了，我下午会把辞职信交上来的！"

汤姆交辞职信的时候，老总神色有些黯然："你不能再考虑一下吗？"老总诚恳地说。汤姆摇头。

"那么好吧，"老总的语气里有些无奈，"晚上你到我家去，我为你饯行！"

老总为汤姆准备了很丰盛的宴席。来之前汤姆打定主意，饯行是饯行，绝对不牵涉到公司内部调整的话题，只要老总的话转到这方面，那么自己马上站起来告辞。

奇怪的是，老总真的没有再规劝汤姆的意思。吃完饭后，老总对汤姆说："时间还早，跟我一起看部片子吧，好久没有看电影了。"汤姆看看老总，答应了下来。

老总播放的电影是一部科学纪录片，描述的是在白垩纪、侏罗纪时代地球上的种种生物，包括恐龙、鳄鱼、蜥蜴、变色龙等爬行动物。汤姆实在想不出来这有什么好看的，不过既然答应了老总也只能勉强看完。汤姆是在疑惑中看完这部电影的。

影片是随着恐龙的灭绝而结束的。电影一结束，汤姆站起来就要走，走的时候，老总忽然说了句奇怪的话："那么强大的恐龙灭绝了，而小小的变色龙却繁衍生息到现在。适者生存，而不是强者生存啊！"回家的路上，汤姆在心里回味着老总的这句话，虽然是对影片而发的，但隐隐约约中，汤姆感觉到似乎和自己有什么关系。难道，自己就是职场上的那只恐龙？

公司里有很多人都奇怪为什么汤姆会改变自己的决定，而老总则好像从来没有收到过什么辞职信。拿到调令，汤姆去分

有时候，做变色龙其实是人生的一门艺术，不管环境有什么改变，积极地去适应都是必要的，因为有很多东西是自己不可能改变的，你唯一可以改变的就是自己做事情的态度。

201

公司的财务部报到了，而且不带一点情绪，工作做得很认真。

半年之后，公司恢复了汤姆的职务。原来，内部调整和裁员，是因为公司那时在市场上遭遇了同类产品的强烈竞争，所以公司只好通过内部调整和裁员来渡过难关。

而汤姆因为在分公司财务部期间发现了不少以前没有发现的问题，财务总监做得更加得心应手了。

汤姆的办公桌上出现了一条橡胶的变色龙的模型。有人问汤姆，为什么喜欢这个看起来丑陋的家伙？汤姆总是笑笑，什么也不说，这些只有他自己心里明白吧。

博　士

有一个博士分到一个地方上的研究所，成为学历最高的一个人。博士一直以自己的身份而自豪，言谈中显示出自己的高贵。因为没有人比自己的学历高，他总认为自己是所有人中最聪明的，甚至时时显出一种傲慢，显示自己是多么与众不同。

有一天他到单位后面的小池塘去钓鱼，正好正副所长在他的一左一右，也在钓鱼。

他只是微微点了点头，没有其他的任何交谈，博士心想："这两个本科生，有啥好聊的呢？"

他们各自都在钓鱼，谁也没有开口说话。

不一会儿，正所长放下钓竿，伸伸懒腰，蹭蹭蹭从水面上如飞地走到对面上厕所。

正所长的那个自如，博士眼睛睁得都快掉下来了。水上漂？不会吧？这可是一个池塘啊。博士还沉浸在惊讶当中的时候，看到正所长上完厕所回来的时候，同样也是蹭蹭蹭地从水上漂了回来。

怎么回事？博士生虽然自己很疑惑，但是又不好去问，自己是博士生哪！哪能向那些本科生请教，他们知道什么？自负的心态终于让他没有开口问。

过了一阵，副所长也站起来，走几步，蹭蹭蹭地漂过水面去上厕所。这下子博士更是差点昏倒：不会吧，到了一个江湖高手集中的地方？

这个时候，博士生也内急了。这个池塘两边有围墙，要到对面厕所非得绕十分钟的路，而回单位上又太远，怎么办？

博士生也不愿意去问两位所长，憋了半天后，也起身往水里跨：我就不信本科生能过的水面，我博士生不能过。

只听"咚"的一声，博士生栽到了水里。

两位所长将他拉了出来，湿淋淋的博士很是恼怒。两位所长问他为什么要下水，他问："为什么你们可以走过去，而我却不能呢？"

两所长相视一笑："这池塘里有两排木桩子，由于这两天下雨涨水正好在水面下。我们都知道这木桩的位置，所以可以踩着桩子过去。你怎么不问一声呢？"

博士生哑口无言。

· 少年松下 ·

松下幸之助的老家在山清水秀的和歌山。小时候，他家境贫寒，母亲、姐姐和他一起过着清苦的日子。9岁那年，因无钱上学，母亲送他到大阪的一家火盆店当小伙计。在火车站，车开动了，母亲噙着泪，形只影单地站在站台上，目送着幼小的孩子。9岁的松下，睁着大眼看着朝夕相处的母亲远远离去，留恋、陌生、孤独顿时笼罩了他，泪水禁不住簌簌地流下来。

松下到大阪独立生活后不久，火盆店倒闭了，他转到自行车店当学徒。少年松下勤奋、诚实，做事肯动脑筋，受到老板和大师傅们的喜爱。但是，由于他年纪小，老板只让他干杂

感悟
ganwu

"只要这个孩子仍在这家店里，我以后绝不到别的店里买自行车。"这是一种多大的信任与支持呀，热情是一种奇异的力量，是成功的动力，它使松下的事业开始了第一步，并最终助他成功。

活，从不让他做"重要的"事情。

松下一边打杂，一边留心学手艺。师傅们干技术活时，他看在眼里，记在心上，进步很快。就这样干了好几年。

当时，店里最重要的事情是推销自行车。那时，一部自行车的价格，按个人收入比例折算，比现在一部小轿车的价格还贵。这样昂贵的东西怎能委托一个孩子去推销呢？然而，少年松下渴望推销。每当老板或大师傅们向顾客推销自行车的时候，他总是羡慕地站在一旁，认真地看着，听着。他梦想自己有一天也能推销自行车。

机会终于来了。一天，一位富商派人到店里来，打算买一辆自行车。富商急于想看货，大师傅们都不在，老板只好对15岁的松下说："你去试试吧。"

这真是天赐良机，少年松下兴奋极了。他振奋精神，吃力地背起一辆自行车（那时自行车交货前不准骑行），信心十足地送到富商家。见到买主后，少年松下立即尽一切所知，不厌其烦地介绍自行车的性能和优点。虽然他平时留心记住了师傅们对顾客说的话，但由于是第一次实践，所以说起来很费劲，讲话结结巴巴。不过，他的满腔热情始终洋溢在整个推销的过程中。

好不容易才讲完，最后，他鞠了一躬，有礼貌地对富商说："这是品质优良的自行车，请您买下吧，拜托了！"

那位富商面带微笑听完少年松下吃力的介绍后，抚摸着他的头说："真是个热心可爱的好孩子。好吧，我决定买下了，不过，要打九折。"——在当时讨价还价、买商品打折扣是习以为常的事。少年松下立即点头答应了。

松下的推销梦想实现了。当他欣喜若狂，飞也似的跑回店里向老板报告这一"好消息"时，谁知老板立即变了面孔，板着脸说："谁叫你以九折出售的？你再去买主家，告诉他，只能减价5%。"一瓢凉水浇到了满腔热情的松下头上，他一下于惊呆了，心里充满了委屈。他想，以前店里不止一次以九折出售自行车，为什么他不能用这个价格推销自行车呢？但是，学徒是没有资格与老板论理的。

老板的命令不能违抗，但要松下改变承诺，到买主那里去讨价，也实在难以启齿。他只好嗫嗫嚅嚅地请求老板答应以九折出售。说着说着，泪水夺眶而出，一时难以抑制，竟然放声大哭起来。

这样一来，老板也不知如何是好，因为他面对的毕竟是一个孩子。这时，富商等得不耐烦了，他派人来了解了情况后说："即使只减价5%，也买定了。只要这个孩子仍在这家店里，我以后绝不到别的店里买自行车。"

2 500个"请"

3年前，四十来岁的米·乔依遭遇公司裁员，失去了工作，从此一家6口的生活全靠他一人外出打零工挣钱维持，经常是吃了上顿没下顿，有时一天连一顿饱饭也吃不上。为了找到工作，米·乔依一边外出打工，一边到处求职，但是所到之处都以其年龄大或者单位没有空缺为借口将其拒之门外。然而，米·乔依并没有因此而灰心，一天他又去求职市场看信息，他看中了离家不远的一家建筑公司，于是便向公司老板寄去了第一封求职信。信中他并没有吹嘘自己如何能干如何有才，也没有提出什么要求，只简单地写了这样一句话："请给我一份工作。"

这家名为底特律建筑公司的老板麦·约翰收到了这封求职信，因为公司当时也没有什么空缺的职位，于是让手下回信告诉米·乔依"公司没有空缺"。但是米·乔依仍不死心，又给公司老板写了第二封求职信。这次他还是没有吹嘘自己，只是在第一封信的基础上多加了个"请"字："请，请

感悟
ganwu

扣心自问一下，当你面对2 500个"请"的时候，你会怎么样？你面对的已经不是这么多的字了，而是一颗真诚和坚持的心。在真诚面前，任何人都不会无动于衷，真诚和坚持是走向成功的法宝。

给我一份工作。"即使这样，公司还是没有能够给米·乔依一个工作的职位，因为公司实在没有职位可以给乔依。但是乔依还是没有丧失希望，此后，米·乔依一天给公司写两封求职信，每封信都不谈自己的具体情况，只是在信的开头比前一封信多加一个"请"字。"请，请，请给我一份工作。""请，请，请，请给我一份工作。""请，请，请，请，请给我一份工作。"……

米·乔依就这样不停地写，三年间，他一直写了2 500封信，也就是说，在"给我一份工作"这句话之前，已经有了2 500个"请"字。见到第2 500封求职信时，公司老板麦·约翰再也沉不住气了，亲笔给他回信："请立即来公司面试。"面试时，麦·约翰告诉米·乔依，公司里最适合他做的工作是处理邮件，因为他"最有写信的耐心"。于是，米·乔依终于在自己心仪的公司有了一份工作。

当地电视台的一位记者获知此事后，专程登门对米·乔依进行访问，问他为什么每封信都只比上一封信多增加一个"请"字，米·乔依平静地回答："这很正常，因为我没有打字机，只能手写，而每次多加一个字，是让他们知道这些信都是经过我的思考用手写出来的，没有一封是复制的。我要用我自己的真诚和耐心来获得这份工作。"

当这位记者问老板为什么录用米·乔依时，老板麦·约翰不无幽默地说："当你看到一封信上有2 500个'请'字时，能不受感动吗？有了这种精神，无论如何我也要在公司给他一个职位，因为我知道他是会做好的。"

成功者绝不放弃，
放弃者绝不成功

全美四大推销大师之一的汤姆·霍金斯，从小就背负父亲希望他当律师的期许，当他浪费了父亲毕生的积蓄，从律师学校休学回家时，他的父亲失望得流下泪来，并说："汤姆，我看你这辈子都不会成功了！"

汤姆只得在第二天离家出走，接着选择了推销房地产的行业。前六个月，汤姆一点业绩也没有，身上只剩 100 美元，又花了这仅有的 100 美元参加了一门加强推销技巧的研讨会。之后呢？之后，他连续八年得到全美房地产的销售冠军，开劳斯莱斯轿车，环游世界，并教导无数业务员推销的方法。

他成功的原因为何？他说："支持我遇到挫折也勇往直前的是一个信念：成功者绝不放弃，放弃者绝不成功。"

一只蜘蛛和三个人

雨后，一只蜘蛛艰难地向墙上已经支离破碎的网爬去，由于墙壁潮湿，它爬到一定的高度，就会掉下来，它一次次地向上爬，一次次地又掉下来……第一个人看到了，他叹了一口气，自言自语："我的一生不正如这只蜘蛛吗？忙忙碌碌而无所得。"于是，他日渐消沉。第二个人看到了，说："这只蜘蛛真愚蠢，为什么不从旁边干燥的地方绕一下爬上去？我以后可不能像它那样愚蠢。"于是，他变得聪明起来。第三个人看到了，立刻被蜘蛛屡败屡战的精神感动了。于是，他变得坚强起来。

|感悟
ganwu

什么路都可以选择，但就是不能选择"放弃"这条路，有着积极的心态的人，会在重重压力下逆流而上，恪守初衷，始终坚持着不放弃，直至最后的成功。

|感悟
ganwu

有成功心态者处处都能发觉成功的力量。

小孩拼地图

一位牧师在一个星期六的早晨，打算在很困难的条件下，准备他的唠叨的讲道。早上因为一些鸡毛蒜皮的小事就和妻子吵了一架，现在他的妻子出去买东西了，他还在为早上的那件事情生气，觉得女人是那么的不可理喻。那天在下雨，他的小儿子吵闹不休，非要出去买一个他喜欢的玩具，令人讨厌。最后，这位牧师越想越烦，实在是忍受不了这种恼人的状态了。于是，他决定什么都不做了，先放纵一下自己再说。他在失望中拾起一本旧杂志，一页一页地翻阅，直到翻到一幅色彩鲜艳的大图画——一幅世界地图。他就从那本杂志上撕下这一页，再把它撕成了碎片，丢在起坐间的地上，说道：

"小约翰，如果你能拼好这些碎片，我就给你 2 角 5 分钱。"

牧师以为这件事会使小约翰花费上午的大部分时间，这样他就可以有一些宁静的时间了。他把小约翰打发出去了，拿起杂志看起来，但是没有 10 分钟，就有人敲他的房门。正当他想这时谁会来的时候，他看到进来的是他的儿子。还没有等牧师反应过来，儿子拿着拼好的世界地图走进来，自豪地说："爸爸，看，我已经拼好了，而且肯定没有错误。"牧师惊愕地看到约翰如此之快就拼好了一幅世界地图，果然丝毫不差。

"孩子，你怎样把这件事做得这样快？"牧师问道。

"啊，"小约翰说，"这很容易。在地图的背面有一个人的照片。我就把这个人的照片拼到一起。然后把它翻过来。因为这个人的照片更好拼一些，我想如果这个人是正确的，那么，这个世界就是正确的。"

牧师微笑起来，给了他的儿子 2 角 5 分钱。"你也替我准备好了明天的讲道。"他说，"如果一个人是正确的，他的世界也就会是正确的。"这天，牧师有了一个良好的心情。

感悟
gǎnwù

如果你想改变这个世界，首先就应该改变你自己。如果你是正确的，你的世界也会是正确的。这就是积极的心态所谈的全部问题。当你抱着积极的心态时，世界的一些问题在你面前势必要低头。每个人都可以问自己的是："我是正确的吗？"

两个出租车司机

一大早，我跳上一部出租车，要去深圳郊区一企业作内部培训。因正好是交通高峰时刻，没多久车子就卡在车阵中，此时前座的司机先生开始不耐烦地叹起气来。随口和他聊了起来："最近生意好吗？"后照镜的脸垮了下来，声音臭臭的："唉！这年头能有什么好？到处都不景气，你想我们出租车生意会好吗？每天十几个小时，也赚不到什么钱，真是气人！再加上每天在这种情况下生活，堵也堵得闷掉了。"

显然这不是个好话题，换个主题好了，我想。于是我说："不过还好，你的车很大很宽敞，即便是塞车，也让人觉得很舒服……"他打断了我的话，声音激动了起来："舒服个鬼！不信你来每天坐12个小时看看，看你还会不会觉得舒服！"接着他的话匣子开了，抱怨政府无能，车价还要下调，社会不公，所以人民无望。我只能安静地听，一点儿插嘴的机会也没有。一直到了目的地，他还在不停地说。我当时想，他真是有太多的烦恼需要倾诉了，生活中，他能高兴吗？

第二天同一时间，我再一次跳上了出租车，去郊区同一家企业作培训，然而这一次，却遇到了迥然不同的情况。一上车，一张笑容可掬的脸庞转了过来，伴随的是轻快愉悦的声音："你好，请问要去哪里？"真是难得的亲切，我心中有些讶异，随即告诉了他目的地。他笑了笑："好，没问题！"然而走没两步，车子又在车阵中动弹不得了。前座的司机先生手握方向盘，开始轻松地吹起口哨哼起歌来，显然他今天心情不错。于是我问："看来你今天心情很好嘛！"

他笑得露出了牙齿："我每天都是这样啊，每天心情都很好。""为什么呢？"我问，"大家不都说出租业景气差，工作时间长，收入都不理想吗？你怎么还能这么高兴呢？"司机先生

心理学家发现，快乐其实是一种习惯，不管大环境怎么变，EQ高手的快乐决心是不会改变的。当我们能换一种心态去看待自己的工作，并带着游戏般的愉快心情面对工作时，你会发觉自己的内在能量强大许多，这正是贯彻快乐决心的漂亮做法。

说："没错，我也有家有老婆有小孩要养，所以开车时间也跟着拉长为12个小时。不过，日子还是很开心过的，我有个秘密……"他停顿了一下，"说出来先生你别笑我，好吗？"

他说："我总是换个角度来想事情。例如，我觉得出来开车其实是客人付钱请我出来玩。像今天一早，我就碰到你花钱请我跟你到关外玩，这不是很好吗？等到了关外，你去办你的事，我就正好可以顺道赏赏关外的景色，抽根烟再走啦！"他继续说，"前几天我载一对情侣去东湖水库看夕阳，他们下车后，我也下来喝碗鱼丸汤，挤在他们旁边看看夕阳才走，反正来都来了嘛，更何况还有人付钱呢？"

我突然意识到自己有多幸运，一早就有这份荣幸，跟前座的EQ高手同车出游，真是棒极了。又能坐车，又开心，这样的服务有多难得，我决定跟这位司机先生要电话，以便以后有机会再联系他。接过他名片的同时，他的手机铃声正好响起，有位老客人要去机场，原来喜欢他的不只我一位。相信这位EQ高手的工作态度不但替他赢到了心情，也必定带来了许多生意。

· 坚　持 ·

感悟
ganwu

认真用心，坚持到底，这正是我们很多人所欠缺的生活态度。请在你确定自己正确的时候大胆坚持自己的观点。因为你就是正确的。

在美国有家知名大医院，一位老牌外科医生给病人做腹部开刀手术，一个新来的护士负责供应手术器具，手术进行得很顺利，开刀完成要开始缝合伤口时，这个小护士竟然大胆坚持医生停止缝合，所有的护士都大吃一惊，他是大牌医生，怎么会出错？小护士又怎么能当场给他难堪？大家都陷入一阵僵局。

原来小护士依步骤检查所有的设备与材料是否完整无误，她告诉开刀医生："我准备了12块纱布，现在只有11块了，一定是还有一块没拿出来，必须再找到那一块才可以缝合伤

口。"小护士一副大义凛然的模样。

不料医生断然宣称:"不,我全部都拿出来了。"

小护士还是抗议:"不,我们用了 12 块纱布!"

在僵持的节骨眼上,外科医生慢慢地说:"我会负起全责,缝合伤口吧。"周围的人还是看着小护士,仿佛在说:"医生都已经说了他会负责的,你还有什么好说的,难道看着病人这样吗?"

"不,不行就是不行!"小护士依然不让步。她决心坚持自己,她确信自己是正确的。

这时,医生抬起头来,露出他偷偷藏起来的第 12 块纱布,笑着说:"你到哪里都会成功的。"

梦想与现实并没有距离

在印度流传着这样一个寓言故事:在很久很久以前,在茂密的森林里有一棵"欲望树",在这棵树下,想什么就有什么,没有时间和空间的限制。一天,一位猎人在林中打猎,一天下来却没有任何收获,正好走到树下,觉得有点累,就坐在树下休息一下。辛苦了一天,饥肠辘辘的猎人心中想:要是有点吃的就好了。"欲望树"下想什么就有什么,没有时间和空间的限制。一桌美味飘然而至。猎人三下五除二就将美味一扫而光。"要是有点喝的,岂不是更……""欲望树"下想什么就有什么,一壶美酒飘然而至,猎人一饮而尽。吃饱喝足之后,猎人开始嘀咕了,天底下怎么会有这样的好事,会不会有鬼在捉弄我?"欲望树"下想什么就有什么,三个小鬼在他的眼前晃来晃去,猎人吓坏了,他们会不会杀了我?"欲望树"下想什么就有什么,"喀嚓……"

感 悟
ganwu

做事要端正态度,否则后果会越来越糟。

·挺起你的胸膛·

七十多年前，一位挪威青年男子漂洋到法国，他要报考著名的巴黎音乐学院。考试的时候，尽管他竭力将自己的水平发挥到最佳状态，但主考官还是没能看中他。

身无分文的青年男子来到学院外不远处一条繁华的街上，勒紧裤带在一棵榕树下拉起了手中的琴。他拉了一曲又一曲，吸引了无数人的驻足聆听。饥饿的青年男子最终捧起自己的琴盒，围观的人们纷纷掏钱放入琴盒。

感悟
ganwu

有自尊别人才会真正尊重你。

一个无赖鄙夷地将钱扔在青年男子的脚下，而且用一副鄙意的神色看着青年男子。青年男子抬头看了看无赖，最终弯下腰拾起地上的钱递给无赖说："先生，您的钱掉在了地上。"

无赖接过钱，重新扔在青年男子的脚下，再次傲慢地说："这钱已经是你的了，你必须收下！"

青年男子再次看了看无赖，深深地对他鞠了个躬说："先生，谢谢你的资助！刚才您掉了钱，我弯腰为您捡起。现在我的钱掉在了地上，麻烦您也为我捡起！"

无赖被青年出乎意料的举动震撼了，最终捡起地上的钱放入青年男子的琴盒，然后灰溜溜地走了。

围观者中有个人一直默默关注着青年男子，就是刚才的那位主考官。看到眼前的情景，他将青年男子带回学院，最终录取了他。

这位青年男子叫比尔·撒丁，后来成为挪威小有名气的音乐家，他的代表作是《挺起你的胸膛》。

当我们陷入生活最低谷的时候，往往会招致许多无端的蔑视；当我们处在为生存苦苦挣扎的关头，往往又会遭遇肆意践踏你尊严的人。针锋相对的反抗是我们的本能，但往往会让那些缺知少德者更加暴虐。我们不如理智去应对，以一种宽容的

心态去展示并维护我们的尊严。那时你会发现，任何邪恶在正义面前都无法站稳脚跟。

弯弯腰，拾起你的尊严！

五块钱的脚踏车

美国的海关里，有一批没收的脚踏车，在公告后决定拍卖。拍卖会中，每次叫价的时候，总有一个十岁出头的男孩喊价，他总是以五块钱开始出价，然后眼睁睁地看着脚踏车被别人用三十元、四十元买去。拍卖暂停休息时，拍卖员问那小男孩为什么不出较高的价格来买。男孩说，他只有五块钱。

拍卖会又开始了，那男孩还是给每辆脚踏车相同的价钱，然后被别人用较高的价钱买去。后来聚集的观众开始注意到那个总是首先出价的男孩，他们也开始察觉到会有什么结果。直到最后一刻，拍卖会要结束了。这时，只剩一辆最棒的脚踏车，车身光亮如新，有多种排挡、十段杆式变速器、双向手煞车、速度显示器和一套夜间电动灯光装置。

拍卖员问："有谁出价呢？"

这时，站在最前面，而几乎已经放弃了希望的那个小男孩轻声地再次说："五块钱。"

这时，所有在场的人全部盯住这位小男孩，没有人出声，没有人举手，也没有人喊价。直到拍卖员唱价三次后，他大声说："这辆脚踏车卖给这位穿短裤白球鞋的小伙子！"

此话一出，全场鼓掌。那小男孩拿出握在手中仅有的五块钱钞票，买了那辆毫无疑问是世上最漂亮的脚踏车时，他脸上流露出从未见过的灿烂笑容。

我们的生命中，除了"胜过别人""压过别人""超越别人"之外，我们是否也同时能持着"不肯放弃最后一丝希望"的决心呢！

感悟 ganwu

只要你坚持着，世界都会给你让路的，如果不是小孩子自始至终的坚持，他是肯定不会达到自己的心愿的，他不是用钱去赢得那辆车的，用的是自己的热情、坚持和永不放弃，而没有什么会挡着这三者的道路。

一定有人想要也有能力出到五块钱以上的金额以买下那部崭新的脚踏车，可是大家却都很有默契地帮助小男孩完成他的心愿。

找到你要爬的桅杆

或许有人认为他是个傻瓜，但是不管怎么样，他损失了不重要的身外之物，却达到了内心的满足，这也是一种幸福。

一个故事：一个出门求道的人在渡船上遇到两个青年，他虔诚的样子令人觉得好笑。两个年轻人骗他说：你是不是想知道道的真谛？他说：是呀。年轻人说：现在你顺着桅杆爬上去，等你爬到顶上的时候，就明白道的真谛了。学道的人连忙脱下外衣，去爬桅杆，当他爬到桅杆顶上的时候，两个年轻人拿起他的衣服和包裹逃跑了。众人连忙叫他：快下来，那两个人是骗子，把你的衣服和包裹抢走了。但是他不为所动，说：不，他们不是骗子，站在桅杆顶上，我看见了从未见过的壮观景象，心胸豁然开朗，顿时明白了道的真谛，身外之物已经不重要了。

少了一个发卡

国王有七个女儿，这七位美丽的公主是国王的骄傲。她们那一头乌黑亮丽的长发远近皆知，所以国王送给她们每人一百个漂亮的发卡。

有一天早上，大公主醒来，一如往常地用发卡整理她的秀发，却发现少了一个发卡，于是她偷偷地到了二公主的房里，拿走了一个发卡。二公主发现少了一个发卡，便到三公主房里拿走一个发卡；三公主发现少了一个发卡，也偷偷地拿走四公主的一个发卡；四公主如法炮制拿走了五公主的；五公主一样拿走六公主的；六公主只好拿走七公主的。于是，七公主的发卡只剩下九十九个。

隔天，邻国英俊的王子忽然来到皇宫，他对国王说："昨天我养的百灵鸟叼回了一个发卡，我想这一定是属于公主们的，而这也真是一种奇妙的缘分，不晓得是哪位公主掉了发卡？"公主们听到了这件事，都在心里想说："是我掉的，是我掉的。"可是头上明明完整地别着一百个发卡，所以都懊恼得很，却说不出。只有七公主走出来说："我掉了一个发卡。"话才说完，一头漂亮的长发因为少了一个发卡，全部披散下来，王子不由得看呆了。故事的结局，当然是王子与公主从此一起过着幸福快乐的日子了。

一次难忘的测验

这是美国东部一所大学期终考试的最后一天。

这天风和日丽，蓝蓝的天空飘着朵朵白云。

在教学楼的台阶上，一群工程学高年级的学生挤做一团，正在讨论几分钟后就要开始的考试，他们的脸上充满了自信。这是他们参加毕业典礼和工作之前的最后一次测验了。这次测验之后他们就可以进入社会展现自己的才能了，他们大有跃跃欲试的模样。

一些人在谈论他们现在已经找到的工作，有一种很满足的样子；另一些人则谈论他们将会得到的工作，很有信心，也有一些难耐的期待。带着经过四年的大学学习所获得的自信，他们感觉自己已经准备好了，似乎能够征服整个世界了。

他们知道，这场即将到来的测验将会很快结束，因为教授说过，他们可以带他们想带的任何书或笔记或者任何其他的资料。但是要求只有一个，就是他们不能在测验的时候交头接耳。

这对他们来说太小儿科了，即使不让带书，不让查阅资料，也能够应付这场考试啊。

感悟
g\ nwu

为什么一有缺憾就拼命去补足？一百个发卡，就像是完美圆满的人生，少了一个发卡，这个圆满就有了缺憾；但正因缺憾，未来就有了无限的转机，无限的可能性，这何尝不是一件值得高兴的事！

感悟
ganwu

我们掌握的知识是有限的，更多的知识需要我们在以后的生活和实践中来获得。当觉得自己已经学了足够的知识的时候，我们要告诉自己：前方还有很长的路，也还有很多的知识需要我们去学习、去发现。知识总是学不完的。

等时间一到，他们就兴高采烈地冲进教室。每个人在座位上坐定之后，教授把试卷分发下去。当学生们注意到只有五道评论类型的问题时，脸上的笑容更加扩大了。他们对这次考试也更有信心了。

整个考试的过程中，同学们的脸色真是有一个奇妙的变化，三个小时过去了，教授开始收试卷。学生们看起来不再自信了，他们的脸上是一种恐惧的表情。没有一个人说话，教授手里拿着试卷，面对着整个班级。

他俯视着眼前那一张张焦急的面孔，然后问道："完成五道题目的有多少人？"

没有一只手举起来。

"完成四道题的有多少？"

仍然没有人举手。

"三道题？两道题？"

学生们开始有些不安，在座位上扭来扭去。

"那一道题呢？当然有人完成一道题的。"

但是整个教室仍然很沉默。教授放下试卷。"这正是我期望得到的结果。"他说。

"我只想要给你们留下一个深刻的印象，即使你们已经完成了四年的工程学习，关于这项科目仍然有很多的东西你们还不知道。这些你们不能回答的问题是与每天的普通生活实践相联系的。"然后他微笑着补充道，"你们都会通过这个课程，但是记住——即使你们现在已是大学毕业生了，你们的教育仍然还只是刚刚开始。"

随着时间的流逝，教授的名字已经被遗忘了，但是他教的这堂课却没有被遗忘。

心态的力量

弗洛姆是美国一位著名的心理学家。一天，几个学生向他请教：心态的力量有多大？

他微微一笑，什么也不说，就把他们带到一间黑暗的房子里。在他的引导下，学生们很快就穿过了这间伸手不见五指的神秘房间。接着，弗洛姆打开房间里的一盏灯，在这昏黄如烛的灯光下，学生们才看清楚房间的布置，不禁吓出了一身冷汗。原来，这间房子的地面就是一个很深很大的水池，池子里蠕动着各种毒蛇，包括一条大蟒蛇和三条眼镜蛇，有好几条毒蛇正高高地昂着头，朝他们"嗞嗞"地吐着信子。就在这蛇池的上方，搭着一座很窄的木桥，他们刚才就是从这座木桥上走过来的。

弗洛姆看着他们，问："现在，你们还愿意再次走过这座桥吗？"大家你看看我，我看看你，都不做声。

过了片刻，终于有3个学生犹犹豫豫地站了出来。其中一个学生一上去，就异常小心地挪动着双脚，速度比第一次慢了好多倍；另一个学生战战兢兢地踩在小木桥上，身子不由自主地颤抖着，才走到一半，就挺不住了；第三个学生干脆弯下身来，慢慢地趴在小桥上爬了过去。

"啪"，弗洛姆又打开了房内另外几盏灯，强烈的灯光一下子把整个房间照耀得如同白昼。学生们揉揉眼睛再仔细看，才发现在小木桥的下方装着一道安全网，只是因为网线的颜色极暗淡，他们刚才都没有看出来。弗洛姆大声地问："你们当中还有谁愿意现在就通过这座小桥？"

学生们没有做声。"你们为什么不愿意呢？"弗洛姆问道。"这张安全网的质量可靠吗？"学生心有余悸地反问。

弗洛姆笑了："我可以解答你们的疑问了，这座桥本来不

感悟
ganwu

生活中，我们往往把更多的精力放在困难上面，没有看到自己的能力和力量，就被困难先吓倒了。我们为何不把注意力集中在我们将要达到的目标上呢，这样也许我们可以多一份信心，而少一份担心和顾虑。

难走，可是桥下的毒蛇对你们造成了心理威慑，于是，你们就失去了平静的心态，乱了方寸，慌了手脚，表现出各种程度的胆怯——心态对行为当然是有影响的啊。"

其实人生又何尝不是如此呢？在面对各种挑战时，也许失败的原因不是因为势单力薄，不是因为智能低下，也不是没有把整个局势分析透彻，反而是把困难看得太清楚，分析得太透彻，考虑得太详尽，才会被困难吓倒，举步维艰。倒是那些没把困难完全看清楚的人，更能够勇往直前。

如果我们在通过人生的独木桥时，能够忘记背景，忽略险恶，专心走好自己脚下的路，我们也许能更快地到达目的地。

教师免费样书申请

感谢各位教师和学生使用北京教育出版社出版的系列丛书。为进一步提高我社图书质量，敬请教师和学生完整填写下列信息，我社将因此向教师提供一本免费样书（请您提供教师资格证或工作证复印件）。本表可在本社官方网站www.bjkgedu.com上下载，复制有效，可传真、邮寄，亦可发e-mail。

姓　　名		学校名称		邮　　箱	
电　　话		学校地址		邮　　编	
授课科目		所用教材		学生人数	
通过何种渠道知道本书		学校推荐 □　网站宣传 □　书店推荐 □　海报宣传 □　学生使用 □			
选择本书您首先考虑		出版社品牌 □　体例新颖 □　内容使用性强 □　装帧美观 □　其他 □			
您认为本书有何优点？					
您认为本书有何不足？					
常销系列图书		《168个故事系列》			

注：您申请的样书须与您讲授的课程相关。

诚 征 优 秀 书 稿

北京教育出版社成立于1983年，凭借对教育、教学改革的敏锐把握，依靠经验丰富的教师团队，成功推出了《1+1轻巧夺冠》《课本大讲解》《提分教练》等系列丛书。为了与时俱进，不断创新，打造更实用、更完美的优质教育图书，现诚邀全国中小学名师加盟，诚征中小学优秀教育类书稿。凡加盟者可享受如下待遇：1.稿费从优，结算及时；2."北教社"颁发相关荣誉证书；3.参编者将免费获得"北教社"提供的图书资料和培训机会。

随 书 资 源 下 载

北京教育出版社的图书所附赠的英语听力资料或其他随书资源，均会及时刊登在本社官方网站www.bjkgedu.com上，读者可以上网下载。下载方法如下：在网站免费注册后，登陆"下载中心"频道的"随书资源"区，选择下载所需的随书资源即可。所有随书资源均需凭密码下载，下载密码为图书ISBN号的最后5位数字（注：ISBN号一般印在图书封底条码上方）。

> 请在信封上或邮件中注明"样书申请"或"应聘作者"。

来信请寄：北京市北三环中路6号11层　北京教育出版社总编室
邮编：100120　网址：www.bjkgedu.com　邮箱：bjszbs@126.com
电话：010-58572817（小学）　58572525（初中）　58572332（高中）

后 记

　　本丛书在编写过程中，参阅了大量的期刊和著述，吸取了很多思想的精华。但由于各种原因，编者未能及时与部分入选故事的作者取得联系，在此致以诚挚的歉意，恳请作者原谅。敬请故事的原作者（译者）见到本书后，及时与我们联系，我们将支付为您留备的稿酬及寄去样书。

　　同时，提请广大读者注意的是，本书题名中"168个故事"只是概数，实际故事数量并不以此为限，特此声明。

　　地址：北京市北三环中路6号北京教育出版社

　　电话：010-62698883

　　邮编：100120